U0296679

Application of Rare Earths in
Semiconductor Photocatalytic Materials

稀土在
半导体光催化材料
中的应用

王瑞芬　安胜利　著

化学工业出版社

·北京·

内容简介

《稀土在半导体光催化材料中的应用》总结了作者近年来关于轻稀土在半导体光催化材料应用方面的研究工作，同时对近年来国内外在二氧化钛光催化及稀土在光催化材料中的应用研究现状进行了综述。全书内容共 8 章，分别介绍了稀土掺杂、稀土-稀土共掺杂、稀土-非金属共掺杂对光催化材料——二氧化钛结构及性能的影响规律、工艺条件调控，进一步研究了材料的性能提高机制、粉末型光催化材料的回收再利用等。

本书可供科研院所材料科学与工程、冶金工程、化学类专业等相关领域的科研工作者和工程技术人员以及高等院校相关专业师生参考。

图书在版编目（CIP）数据

稀土在半导体光催化材料中的应用/王瑞芬，安胜利著 . —北京：化学工业出版社，2024.5

ISBN 978-7-122-45273-3

Ⅰ.①稀⋯　Ⅱ.①王⋯②安⋯　Ⅲ.①稀土族-半导体-光催化剂-研究　Ⅳ.①O643.36

中国国家版本馆 CIP 数据核字（2024）第 056447 号

责任编辑：邢　涛　陈　喆　　　　　　装帧设计：王晓宇
责任校对：李露洁

出版发行：化学工业出版社
　　　　　（北京市东城区青年湖南街 13 号　邮政编码 100011）
印　　装：北京虎彩文化传播有限公司
710mm×1000mm　1/16　印张 9¾　字数 161 千字
2024 年 6 月北京第 1 版第 1 次印刷

购书咨询：010-64518888　　　　　　售后服务：010-64518899
网　　址：http://www.cip.com.cn
凡购买本书，如有缺损质量问题，本社销售中心负责调换。

定　　价：128.00 元

前　言

　　光催化技术被公认为是解决目前能源和环境问题最具潜力的技术方案之一，在很多领域发挥着举足轻重的作用，如光催化有机废水处理、分解水制氢制氧、CO_2 还原和抗菌自清洁等领域，高效光催化材料的开发成为该技术应用的关键因素之一。稀土元素独特的电子结构使其化合物或其化合物修饰的材料在光、电、磁、材料转换和存储领域得到广泛应用，各种新材料也被开发用于催化、电池、能源、环保、生物医药等领域。特别是在光催化领域，稀土金属具有空的 5d 轨道以及独特的未完全充满的 4f 轨道，拥有数目巨大的能级结构，可以通过与半导体形成稀土-半导体复合材料，调控半导体的电子结构和能带位置促进光吸收，提升载流子迁移率，有望实现在高效光催化领域中的应用。

　　本书主要针对二氧化钛在可见光下光催化降解能力弱这一问题，以稀土元素镧、铈、铕及钇为掺杂元素，通过掺杂改善二氧化钛催化降解有机污染物的能力，在此基础上，通过进一步引入非金属元素 B 和 F 来提高催化剂的可见光活性。对催化剂的合成、结构、掺杂元素的种类及掺杂方式的影响进行了综合详细的研究，并通过电化学交流阻抗的方式，阐明稀土掺杂提高二氧化钛光催化氧化的机理。同时，还进行了系列稀土掺杂二氧化钛光催化剂的回收回用研究，以自制高 $5AlCl_3 \cdot 8Al(OH)_3 \cdot 37.5H_2O$（简记为 Al_{13}）含量的聚合氯化铝为絮凝剂，采用絮凝沉降的方法回收实验所用光催化剂，为二氧化钛光催化剂的重复利用提供理论依据和技术指导。

　　本书共分 8 章，安胜利编写第 1 章和第 2 章，王瑞芬编写第 3～8 章。本书可供科研院所材料科学与工程、冶金工程、化学类专业等相关领域的科研工作者和工程技术人员以及高等院校相关专业师生参考。

　　为了方便读者阅读参考，本书插图（彩图）经汇总整理，制作成二维码放于封底，有需要的读者可扫码查看。

　　由于作者水平有限，书中不妥之处请读者批评指正。

著者

目 录

第**1**章

绪　论

随着社会经济的快速发展，尤其是近年来工业的快速崛起，各种污染物对环境造成的压力也越来越大，环境、资源和人口的可持续发展成为各国和科学界重视的一个焦点。各国随着工业化、城市化速度的加快，对水资源的开发利用强度持续增大，而相应的污水治理措施跟不上时代发展的需要，水污染问题已经成为当今社会面临的主要难题，大量工业和生活污水造成污染物排放数量和种类急剧增加，特别是有毒且难降解的有机废水对环境的危害越来越严重，江河湖泊普遍遭受不同程度的污染，水污染形势非常严峻。

在水污染中，危害最大的是含有大量有机污染物的各种工业废水，这类废水中含有的难消除有机污染物主要包括简单芳香族化合物、脂肪酸和芳香酸、脂肪醇等，还有就是含有大量染料、农药、表面活性剂等有机物的废水。有机废水可以分为两大类：一类是天然有机物（NOM），主要是指动植物在自然循环过程中经腐烂分解所产生的大分子有机物，包括腐殖质、微生物分泌物、溶解的植物组织和动物的废弃物；另一类是人工合成的有机物（SOC），包括农药、商业用途的合成物及一些工业废弃物，如有机农药和多氯联苯、染料中间体、酚类化合物、有机氯、有机苯等，这些有机物毒性大、成分复杂、存在持久、且能够通过生物聚积，一般微生物对其几乎没有降解作用[1]。

污水处理是借助各种方法或外力，将污染物分离出来或将其转化为无害物质的过程，污水处理的方法大体有以下几种[2,3]：

① 物理法。包括沉淀、气浮、絮凝、吸附、离心、超滤膜分离等，利用简单的如密度差等物理性质的变化来去除水中的污染物，主要去除的是水中的不溶性悬浮污染物。该法原理简单，处理成本相对较低，但是不能去除水中的小分子，或难降解的无机、有机污染物。

② 化学法。包括化学中和、化学沉淀、氧化还原等方法，主要通过发生

化学反应的方式来去除水中的可溶性污染物，包括化学氧化、光氧化和电解等，主要去除水中难生物降解的无机或有机污染物。化学法是目前水处理中应用最广、发展最快的方法，其特点是处理效率高，处理较完全，但是该法存在反应条件苛刻、对设备的要求高和处理费用也较高等缺点。

③ 生物法。包括生物膜过滤法和活性污泥法等。利用细菌等生物自身的代谢活动，通过吸附、氧化、还原、分解某些水中污染物，吸收其中可以利用的营养成分作为营养物，使污染物发生转化，降低或消除水中的污染物。其特点是处理系统的结构简单、对许多有机物处理效率高、受气候条件影响小，但存在处理周期长、占地面积大，难以降解完全，运行费用高等缺点。

由此可见，目前工业上常见的水处理方法具有各自的特点和应用范围，同时也存在着各自不同程度的问题，特别是根据 EPA（美国环境保护署）的水处理标准，传统方法在去除难降解有机污染物方面的能力普遍较差。而常规有机污染物的处理方法中，比如吸附法、生化法等往往又存在着去除率低、费用高、易造成二次污染等缺陷，不能快速、有效去除高浓度、自降解性能差的有机污染物。因此，提高水处理的技术水平，特别是在高浓度有机物废水处理领域，探索寻求新型的、更为快捷高效且经济有效的水处理方法，已成为当前各国有机废水处理研究的重点。

半导体光催化技术的诞生开辟了环境保护的新领域，1972 年，Honda 和 Fujisima 在 *Nature*[4] 上发表关于 TiO_2 光解水的文章，标志着光催化时代的开始。由此，各国研究者对光催化材料和体系开始了广泛和系统的研究，在环境治理中得到应用的半导体材料有 TiO_2、ZnO、$g-C_3N_4$、CdS、$AgPO_4$、WO_3 等物质，将光催化技术普及到催化降解有机污染物、光解水制氢和光催化有机合成、二氧化碳还原等领域[5-9]。而 TiO_2 是其中应用最广泛、最有效的光催化剂。TiO_2 有着极强的稳定性和良好的光催化性能，被广泛应用于降解有机污染物、抗紫外线材料以及光催化杀菌等方面，而且具有价廉无毒、耐光腐蚀能力强、能杀死微生物等优点，被认为是当前最具开发前景的环保型催化剂。TiO_2 光催化氧化技术能够利用太阳能来改善人类生活环境，具有广泛的应用前景，对环境生态保护以及人类的可持续发展有着不可估量的作用，因此，TiO_2 的光催化研究引起了国内外学者的极大关注。

1.1　光催化概述

当前，可持续发展仍面临着能源和环境这两大挑战，自 1972 年 Fujishima A 等首次发现 TiO_2 光解水的现象以来，光催化技术就被公认为是解决目前能源和环境问题最具潜力的技术方案之一，高效光催化材料的开发成为该技术应用的关键因素之一，引起世界各国研究者的强烈关注，也必将在能源和环境领域大放光彩[10,11]。

1.1.1　半导体光催化过程及机理

到目前为止，半导体光催化的基本机理已经较为完善。从根本上说，半导体光催化一般可以分为四个主要过程：光收集过程、电荷激发过程、电荷分离和转移过程及表面电催化反应过程。首先，光收集过程（阶段 1）对光催化剂的表面形态和结构依赖性很强，为了促进光的有效利用，通常可以通过构建分层结构或大孔和中孔的结构来改善光催化剂的表面形态和结构。其次，半导体的电荷激发（阶段 2）与其独特的电子结构密切相关。通常，半导体的价带（VB）中的电子可以在光辐射下以大于或等于其带隙能量（E_g）的能量被激发至导带（CB），从而在价带（VB）中留下空穴（h^+）[12]。为了能够更多地利用可见光，人们一般通过掺杂一些贵金属，增加缺陷或者一些其他的敏化措施进一步减小半导体的带隙[13]。在电荷分离和转移（阶段 3）的过程中，常常伴随着光生电子和空穴的复合，这些因素不利于电荷的分离和转移，而且是否能将电荷分离至表面或界面的活性部位是光催化进程中的关键因素，也是确定光催化量子效率的关键。通常，缩短光生电荷载流子的扩散距离或建立界面电场可有效降低复合率，从而显著提高光催化活性[14]。很明显，如果有足够高能量的电子和空穴迁移到半导体表面并且没有发生重组，这些光生电子才能被表面活性部位或助催化剂捕获，并进一步刺激电催化还原或氧化（阶段 4）。

必须注意的是，半导体光催化材料的能带位置在热力学上需满足氧化还原反应发生的条件，其中，光催化氧化反应发生的基本条件是半导体价带电位比电子供体电位更正，光催化还原反应的基本条件是半导体导带电位比受体电位更负，即仅当还原电位和氧化电位分别比 CB 和 VB 水平高和低时，才可能发生表面的氧化还原反应。如表 1-1 给出部分半导体的带隙结构和导带、价带位置。

表 1-1　几种典型光催化剂的带隙结构

半导体种类	带隙结构(pH=7,NHE)		
	导带(CB)	价带(VB)	禁带宽度(E_g)/eV
TiO_2	−0.5	2.7	3.2
CdS	−0.9	1.5	2.4
g-C_3N_4	−1.53	1.16	2.7
Ta_3N_5	−0.75	1.35	2.1
$BiVO_4$	−0.3	2.1	2.4
WO_3	−0.1	2.7	2.8
Ag_3PO_4	0.04	2.49	2.45

另外，光催化量子效率（c）很大程度上取决于所有四步过程中的累积效应，包括光收集效率（abs）、电荷分离效率（cs）、电荷迁移和传输效率（cmt）以及电荷利用效率（cu）。它们之间的关系可以根据等式表示[15]：

$$c = abs \times cs \times cmt \times cu \tag{1-1}$$

因此，为了设计用于各种光催化应用的高效光催化剂，必须全面考虑和优化这四步工艺。目前，尽管在半导体光催化方面取得了重大进展，但仍然存在许多与光捕获效率低（尤其是可见光区域）、载流子难分离等有关的问题。为了解决这些关键的问题，已经提出了多种改性策略，如带隙调节，微纳米结构调控，表面界面工程及其协同效应，并将其应用于改善半导体材料的可见光催化性能[16]。

常用的 N 型半导体主要有：TiO_2、WO_3、CdS、Fe_2O_3、ZnO 和 SnO 等，或由其改性、与其他半导体复合等材料组成，其中 TiO_2 因其具有原料丰富易得、成本低廉，化学稳定性高及光催化性能优越等优点，是目前研究应用最广泛的半导体氧化物之一，得到了世界各国科技工作者的广泛关注[17]。当 TiO_2 的晶粒尺寸减小至纳米级时，其性质得到了很大程度的提高，并且表现出异于其块体材料的优异的物化性能。纳米 TiO_2 具有带隙宽、生物相容性好、抗化学腐蚀，对人体无毒害，成本低廉等特点，颇具应用潜质和发展潜力，不仅能降解空气和废水中的有机污染物质，还可以进行生物降解，同时具有杀菌、除臭等功能，在催化降解、可再生能源的利用、气体传感器、杀菌消毒等许多领域都有着极为广泛的应用，是目前颇受关注的光催化剂。

尽管有关 TiO_2 基光催化剂材料的研究已经有数十年的历史，但在实际应用方面仍然存在诸多不足，譬如：太阳光利用率较低，量子效率不高，循环使用稳定性差，使用后续难以分离回收等。因此，进一步深入研究 TiO_2 基光催化剂材料并开发具有更高的催化活性和使用稳定性的光催化材料是相关研究领域的必然趋势之一[18]。

1.2.2　半导体光催化的应用领域

经过研究者们数十年的探索研究，半导体光催化技术已经较为成熟，在很多领域发挥着举足轻重的作用，如光催化有机废水处理、分解水制氢制氧、CO_2 还原和抗菌自清洁等领域[19-21]。

（1）有机废水处理

水环境中有机污染物存在种类繁多、致突变性和强毒性等问题，特别是医药行业废水排放的抗生素、印染行业和工业生产中排放的废水，对人体健康和环境安全造成严重影响。光催化氧化技术可以有效地进行光催化反应，使其转化为 H_2O、CO_2、PO_4^{3-}、SO_4^{2-}、NO_3^-、卤素离子等无机小分子，达到完全无机化的目的，从而克服传统水处理技术对污染物分解不彻底、副产物多、处理步骤复杂、流程长等方面的不足，在解决环境中难处理、耐降解有机污染物方面存在着巨大的优势。并且，光催化体系对于高浓度染料废水、含有表面活性剂的废水、农药废水和多环芳烃等废水的处理，也具有良好的效果。而具有可见光响应的稳定、价廉光催化材料的制备成为制约光催化技术应用的关键因素之一[1-3]，制备具有可见光响应的稳定、低价光催化剂的关键是寻找一种同时具有禁带宽度窄、化学性能稳定（耐腐蚀性强）、价格低廉、无毒无污染的光催化材料。图 1-1 为光催化分解有机物的反应机理示意图。

光催化材料的能带位置与被吸附物质的还原电势，决定了其光催化反应的能力，热力学允许的光催化氧化-还原反应，要求受体电势比光催化材料的导带电势低（更正），给体电势比光催化材料的价带电势高（更负），只有在这种情况下，光生电子和空穴才能传给基态的吸附分子。

（2）分解水制氢制氧

氢能作为一种干净的可再生能源，在未来新能源的研究中占有重要地位。除电解水制氢以外，氢的大规模生产主要是热化学方法，包括非催化的水碳反

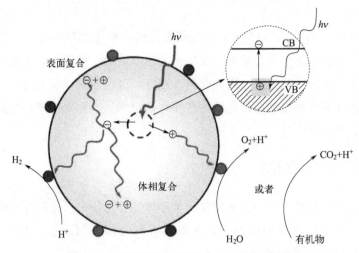

图 1-1 光催化分解有机物的反应机理示意图

应以及烃类的蒸汽重整和水煤气变换等热催化过程。在这些方法中，氢也主要来源于水，但反应必须在高温下进行，消耗大量的化石燃料并排放出二氧化碳，造成碳资源的损失和环境的污染。若能利用太阳能光解水的方法大量生产氢气，对新能源的开发具有重大战略意义。

当入射光能量大于催化剂的禁带能时，催化剂的导带和价带各自生成光生电子和空穴。这种光生电子和空穴产生的氧化还原反应类似于电化学的电解过程。当催化剂的导带电势比氢电极电势更负时，水分子可以被光生电子还原成氢气，当催化剂的价带电势比氧电极电势更正时，水分子则被光生空穴氧化成氧气。当上述两个条件同时被满足时，水就可以被完全光催化分解。图 1-2 为光催化制氢的反应机理示意图。

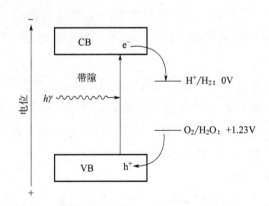

图 1-2 光催化制氢的反应机理示意图

(3) 光催化还原二氧化碳

大气中的 CO_2 大多数为燃料燃烧后产生的，传统冶金作为高耗能、高污染的行业，碳排放量占全国碳排放总量的 15%，年 CO_2 排放量约为 38 亿吨，占全球人为 CO_2 排放量的 7%[1-2]，巨大的 CO_2 排放量是钢铁行业实现"双碳"目标亟待解决的问题。随着"碳达峰、碳中和"成为国家战略，研发高效、经济的 CO_2 末端减排技术对于国民经济的可持续发展具有重要的战略意义。利用太阳能光电催化（PEC）技术诱发氧化-还原反应，将 CO_2 和 H_2O 转化成 CO、CH_4、CH_3OH 和 $HCOOH$ 等化工原料，这种能源转化过程反应条件温和、可直接利用太阳能，是一种减量化、再利用、再循环的过程，可实现 CO_2 的资源化高效利用[22]，1978 年，Halmaxin[23] 光激发 GaP 电极后，发现其能将水溶液中的 CO_2 还原为 CH_3OH，从而开辟了光催化 CO_2 还原新方向。

光电催化还原 CO_2 过程涉及光吸收、光生电荷的迁移与分离、CO_2 吸附、表面氧化还原反应和产物解吸等多步骤复杂过程。且 CO_2 分子结构显示出很强的分子惰性，其键能达 750kJ/mol，因此活化 CO_2 分子成为还原反应发生的关键步骤，因而该技术实现应用的关键在于开发出兼具禁带宽度合适、光生载流子分离和传输效率高、比表面积大、界面电荷转移速率高、物理化学性能稳定和环境友好特性的新型催化材料。图 1-3 为光催化还原二氧化碳反应机理示意图。

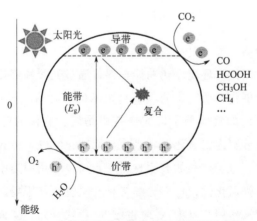

图 1-3　光催化还原二氧化碳反应机理示意图

在过去几十年中，应用于 CO_2 还原的光催化剂得到快速发展，从比较成熟的二氧化钛逐步拓展到金属硫化物、氮化金属、复合金属氧化物、双金属氧化物、贵金属、非金属碳氮等，光吸收特性从紫外光波段延伸至可见光波段，提高了太阳光直接利用的可行性[24]。通过表面改性、掺杂手段提高催化剂对 CO_2 的吸附量，促进 CO_2 还原反应。近年经过探索反应机理，CO_2 还原已取得较好进展，产物 CO 选择性接近 100%[25]。然而 CO_2 还原反应因电子数量不同可得到不同产物，如 CO、CH_4、CH_3OH、HCOOH 等，产品可能为混合物，降低其利用价值，因此越来越多的研究将重点集中于调控产物选择性，并基于此提高特定产物的产量。图 1-4 为常见光催化剂的能带结构和 CO_2 还原反应电势。

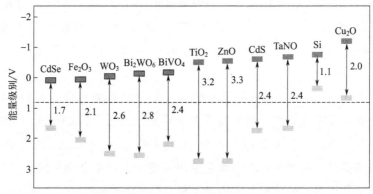

图 1-4 常见光催化剂的能带结构和 CO_2 还原反应电势

$CO_2 \rightarrow CO_2^-$，$\varepsilon = -1.90$；$CO_2 \rightarrow HCOOH$，$\varepsilon = -0.61$；$CO_2 \rightarrow CO$，$\varepsilon = -0.53$；$CO_2 \rightarrow HCHO$，

$\varepsilon = -0.48$；$2H^+ \rightarrow H_2$，$\varepsilon = -0.41$；$CO_2 \rightarrow MeOH$，$\varepsilon = -0.38$；$CO_2 \rightarrow CH_4$，

$\varepsilon = -0.24$；$H_2O \rightarrow 1/2O_2$，$\varepsilon = 0.83$

(4) 抗菌自清洁

半导体光催化剂作为环境净化功能材料，通过光照和催化作用将光能转化为化学能，通过光催化剂所产生的氢氧自由基能破坏有机气体分子的能量键，使有机气体成为单一的气体分子，加快有机物质、气体的分解，将空气中甲醛、苯等有害物质分解为二氧化碳和水，从而净化空气，将光电催化材料涂层用于建筑物、汽车、电子产品的表面材料中，可以利用阳光中的紫外光激发光催化剂，使其产生强氧化性，可以分解各种有机物，如甲醛、苯等，从而起到高效、持久的自清洁作用。日本从 20 世纪 90 年代开始，光催化剂空气净化产品被大量研制、开发，并投入市场，如光催化剂、空气净化器、陶瓷、板材等。

光催化剂在杀灭大肠杆菌、金色葡萄球菌、肺炎杆菌、霉菌等病菌的同时，还能分解由病菌释放出的有害物质。光催化剂空气净化功能、自洁功能可以使医疗环境长期保持清洁、干净。其杀菌功能还可以抑制医院、养老机构等的医疗设施、医疗器械的细菌繁殖。

近年，在抑制癌细胞的生长、假牙清洁和牙齿美白方面也有光催化剂的贡献。通过在患癌部位注入光催化剂微粒子，来抑制癌细胞的繁殖；在假牙中加入含光催化剂的溶液，被光源照射后，假牙上附着的污物被分解而变得干净；牙齿美白方面，主要通过 LED 灯的照射，去除牙齿上的牙垢，达到清洁牙齿、去除细菌的目的。

光催化剂的防臭消臭功能主要体现在汽车、衣柜、鞋柜等狭小、密闭空间空气净化的应用上。例如，汽车使用时间久了，车厢内会产生异味；衣柜、鞋柜因空间密闭，时间久了也会有异味出现，利用光催化剂空气净化器可以有效消除车厢、衣柜、鞋柜的臭味异味，净化空气。在日本，光催化剂技术已被日本轨道交通列入车厢空气治理的一种技术手段，新干线的吸烟室也装有光催化剂除臭器，对车厢进行光催化剂除臭，以保证车厢空气的清新。

光催化剂技术由于不消耗地球能源、不使用有害的化学药品，而仅仅利用太阳光的光能等就可将环境污染物在低浓度状态下清除净化，并且还可作为抗菌剂、防霉剂应用，因而是一项具有广泛应用前景的环境净化技术。未来随着光催化剂技术研究的深入开展，应用在建筑、家电、涂料、生活等领域的光催化剂产品会不断增多，在水污染治理、医疗设施及器械、农业等领域的应用将会引起关注，光催化剂市场前景可期。图 1-5 为光催化剂氧化分解原理示意图。

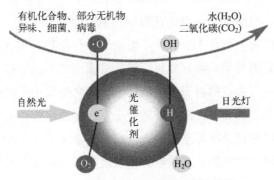

图 1-5　光催化剂氧化分解原理示意图

1.2 稀土在光催化材料中的应用

1.2.1 稀土元素的基本性质

(1) 稀土资源及其配分

稀土元素（RE）是化学元素周期表第ⅢB族中 Sc、Y 和镧系共 17 种元素的总称。根据钇和镧系元素的物理、化学性质的相似性和差异性，以及矿物处理的需要，常把它们划分为轻稀土元素和重稀土元素两组。轻稀土元素包括原子序数从 57(La) 到 63(Eu) 共 7 种元素，重稀土元素包括原子序数 21(Sc)、39(Y) 及从 64(Gd) 到 71(Lu) 共 10 种元素。又根据元素在矿物中的含量和配分情况，将轻稀土元素称为铈组，把重稀土元素称为钇组。稀土元素也会按照其硫酸复盐的溶解性及 P204 萃取条件的差异进行分组，具体不同的分组情况见表 1-2。

表 1-2　稀土元素分组

原子序数	57	58	59	60	62	63	64	65	66	67	68	69	70	71	39
元素名称	镧	铈	镨	钕	钐	铕	钆	铽	镝	钬	铒	铥	镱	镥	钇
元素符号	La	Ce	Pr	Nd	Sm	Eu	Gd	Tb	Dy	Ho	Er	Tm	Yb	Lu	Y
分组 1	轻稀土（铈组）						重稀土（钇组）								
分组 2	铈组（硫酸复盐难溶）					铽组（硫酸复盐微溶）			钇组（硫酸复盐易溶）						
分组 3	轻稀土 （P204 弱酸度萃取）				中稀土 （P204 低酸度萃取）		重稀土 （P204 中酸度萃取）								

注：由于稀土矿中一般不含 Pm 元素，因此本表中没有列入 Pm，可将其归到轻稀土中。

在自然界中，稀土主要富集在花岗岩、碱性岩以及与它们有关的矿床中，目前已知的稀土矿物大约有 170 多种，而被冶金行业利用具有工业意义的矿物仅有十几种。常见的稀土矿物有独居石矿、氟碳铈矿、独居石与氟碳铈矿的混合矿、磷钇矿和我国独有的离子吸附型稀土矿，这些稀土矿物中，稀土元素的配分都是轻稀土元素的含量远远大于重稀土元素，特别是轻稀土元素中镧和铈含量的总和，可以占到全部稀土元素含量的 60% 以上，甚至更高。

内蒙古是我国重要的能源和战略资源基地，其中包头白云鄂博稀土矿是世界上最大的稀土矿，其稀土资源储量占全球总储量的 38%，占全国总储量的 80% 以上，在包头白云鄂博轻稀土矿中，轻稀土（包括 La、Ce、Pr 和 Nd）

共占稀土总配分的 97.6%，La 约占 26%，Ce 约占 50.1%。在北方稀土下属企业中，也可以看到有大量的镧和铈初产品库存堆放，产品过剩严重而应用开发不足，因此积极开发轻稀土元素，特别是相对过剩的镧和铈的综合利用，在稀土资源的综合利用中具有非常重要的意义。

重稀土在整个稀土矿物中的配分很低，所以重稀土元素普遍都存在由于其总量少而价格高昂的特点[26]，但其中重稀土元素 Y，由于存在较为独立的磷钇型稀土矿，所以相对含量高一些，同时在我国南方特有的离子吸附型稀土矿中，元素 Y 的配分也比较可观，所以相对其他重稀土而言，元素 Y 来源广泛而其用途开发却略显不足。

（2）稀土元素的电子层结构

稀土元素中，除钪和钇外其余镧系元素的外层电子组态可以统一表示为 $[Xe]\,4f^n\,5d^m\,6s^2$，不同镧系元素间的区别仅是填充在 4f 壳层中的电子数目不一样（$n=1\sim14$）[27]，稀土元素外层电子排布中，由于具有未充满的 4f 壳层以及 4f 电子的自旋轨道偶合作用，加上 4f、5d、6s 电子能量比较相近，所以能够产生数目很多的能级。稀土元素及其化合物的 4f 电子可在 f-f 组态或 f-d 组态之间发生跃迁，而稀土元素内层 4f 电子的数目从 0～14 逐个填满形成特殊组态，所以造成不同的稀土元素之间在光学、电学等性能又存在较大的差异。稀土元素的具体外部电子层结构如表 1-3 所示。

表 1-3　稀土元素的外部电子层结构

元素符号	外部电子层结构											原子半径 /nm	离子半径 RE^{3+} /nm
	3s	3p	3d	4s	4p	4d	4f	5s	5p	5d	6s		
Sc	2	6	1	2								0.1641	0.0732
Y	2	6	10	2	6	1		2				0.1803	0.08993
La	2	6	10	2	6	10		2	6	1	2	0.1877	0.1061
Ce	2	6	10	2	6	10	1	2	6		2	0.1824	0.1034
Pr	2	6	10	2	6	10	3	2	6		2	0.1828	0.1013
Nd	2	6	10	2	6	10	4	2	6		2	0.1822	0.0995
Pm	2	6	10	2	6	10	5	2	6		2	0.1811	0.0979
Sm	2	6	10	2	6	10	6	2	6		2	0.1802	0.0964
Eu	2	6	10	2	6	10	7	2	6		2	0.1983	0.0950
Gd	2	6	10	2	6	10	7	2	6	1	2	0.1801	0.0038

续表

元素符号	外部电子层结构											原子半径/nm	离子半径 RE^{3+}/nm
	3s	3p	3d	4s	4p	4d	4f	5s	5p	5d	6s		
Tb	2	6	10	2	6	10	9	2	6		2	0.1783	0.0923
Dy	2	6	10	2	6	10	10	2	6		2	0.1775	0.0908
Ho	2	6	10	2	6	10	11	2	6		2	0.1767	0.0894
Er	2	6	10	2	6	10	12	2	6		2	0.1758	0.0881
Tm	2	6	10	2	6	10	13	2	6		2	0.1747	0.087
Yb	2	6	10	2	6	10	14	2	6		2	0.1939	0.0858
Lu	2	6	10	2	6	10	14	2	6	1	2	0.1735	0.085

1.2.2　稀土在光催化材料中的研究进展

（1）稀土离子改性

稀土元素独特的电子结构使其化合物或其化合物修饰的材料在光、电、磁、材料转换和存储领域得到广泛应用，各种新材料也被开发用于催化、电池、能源、环保、生物医药等领域。特别是在光催化领域，稀土金属具有空的5d 轨道以及独特的未完全充满的 4f 轨道，拥有数目巨大的能级结构，可以通过与半导体形成稀土-半导体复合材料，调控半导体的电子结构和能带位置促进光吸收，提升载流子迁移率，有望实现高效光催化。

因此，人们期望通过引入稀土元素到光催化剂晶格中，起到结构助剂、光学助剂以及电子助剂等方面的作用，从而有效提高光的利用效率。从已有的文献可以看出，利用稀土对 ABO_3 型钙钛矿、ZnO、$BiVO_4$、BiOX、Bi_2O 和 TiO_2 等多种催化剂的掺杂改性研究中发现，稀土可以导致催化剂表面的电子浓度、氧空穴及形貌、晶相的改变。例如，稀土元素掺杂 TiO_2，能在 TiO_2 的晶格中引发畸变，使其晶格中的氧原子更加容易脱离从而产生氧空位，改变其表面结构，从而提高对小分子的吸附能力，并促进自由基的产生。除此之外，稀土掺杂对 TiO_2 的禁带结构也能产生一定影响。据文献报道，稀土元素在进入 TiO_2 晶格后，将引入杂质能级，从而改变能带结构并拓宽光吸收范围。

除应用于传统的 TiO_2 外，稀土也时常被应用于 Bi 基光催化剂的改性研究中，其中 Bi_2O_3 是 Bi 系化合物中最为经典的一种半导体光催化剂。由于 Bi^{3+} 的离子半径与稀土离子的离子半径接近，因此稀土离子在掺杂过程中容

易取代 Bi^{3+} 引起特殊的理化性质变化,也可能会使 Bi_2O_3 由四方相转变为单斜相。除了 Bi_2O_3 之外,据报道,稀土元素在 Bi_2WO_6、$BiVO_4$ 以及卤氧铋等半导体中也能够起到一定的改善作用。如有研究者采用溶剂热等方法制备了 Nd^{3+} 掺杂 BiOCl 的半导体催化剂,提升了 BiOCl 的光催化性能。此外,稀土修饰在铁基、锆基等光催化剂的改性中也都有着较好的表现。

(2) 稀土化合物光催化材料

由于稀土元素的化合物也具有特殊的电子结构和光谱特性,如其多组态、4f 电子跃迁、选择吸附性强等独特性能,稀土化合物及其异质结构也被广泛应用于光催化领域,其中,稀土铈基材料氧化铈(CeO_2)和钙钛矿结构的稀土化合物在光催化领域显示出了突出的应用优势和潜力。

① 氧化铈(CeO_2) 氧化铈具有高的电导率、独特的紫外光吸收能力、高温稳定性和优良的催化性能,是光催化反应中应用最多、效果最好的稀土氧化物之一。而越来越多的研究表明,通过引入氧空位等缺陷可以大幅提高光催化剂对于污染物的去除率,且 CeO_2 结构中随环境氧分压或温度的变化可形成数量不同的氧空位,转化为非化学计量比的 CeO_{2-x},而氧空位恰是光催化反应中的活性位[28],且光生电子易与氧结合,产生具有高氧化能力的过氧自由基,CeO_2 高表面氧流动性和高储氧能力,可以通过氧空位的形成和迁移提高 TiO_2 的光催化能力。同时,由于氧在二氧化铈中的扩散速率非常快,使 CeO_2 具有优异的储氧和放氧特性,Ce 的 Ce^{+3} 和 Ce^{+4} 变价也使其在电子传输和提高光吸收能力方面具有良好的性能,能充分分离光生电子-空穴,提高光量子产率,可以通过提高离子导电性的方法来进一步提高 CeO_2 的催化性能。图 1-6 为二氧化铈的晶格结构示意图。

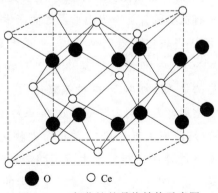

图 1-6 二氧化铈的晶格结构示意图

氧化铈在光催化材料中的应用，主要集中用于光催化消除大气污染物，包括光催化消除挥发性有机污染物、光催化消除氮氧化物和光催化净化二氧化碳。

a. 光催化消除挥发性有机污染物　挥发性有机污染物（VOCs）主要包括非甲烷碳氢化合物、含氧有机化合物、卤代烃、含氮有机化合物、含硫有机化合物等几大类，大多数 VOCs 具有令人不适的特殊气味，并具有毒性、刺激性、致畸性和致癌作用，特别是苯、甲苯及甲醛等对人体健康会造成很大的伤害。VOCs 是导致城市灰霾和光化学烟雾的重要前体物，主要来源于煤化工、石油化工、燃料制造、溶剂制造与使用等过程。可参与大气环境中臭氧和二次气溶胶的形成，对区域性大气臭氧污染、PM2.5 污染具有重要的影响。同时，VOCs 也是 PM2.5 和臭氧的前体物，通过控制 VOCs，可加强 PM2.5 与臭氧协同控制，对实现减污降碳协同增效、促进生态环境质量持续改善有重要意义。因此，VOCs 的治理技术受到不少研究者的关注。

稀土铈基材料由于具有较好的储-释氧能力和丰富的表面氧缺陷含量等优点，被应用于甲醛、乙醛、苯、甲苯等 VOCs 污染物光催化消除反应中[29-31]。目前光催化降解 VOCs 的技术虽然得到了显著发展，但该技术仍存在效率低、性能不稳定、反应中产生有毒中间产物等问题，其实际应用受到一定限制。后期研究将进一步关注功能性稀土铈基材料的可控合成、利用载体与活性组分强相互作用提高催化剂的稳定性、形成异质结和核壳结构，从空间上促进光生电子-空穴分离，以及通过大比表面积有机材料，增大反应面积，提高其 VOC 降解能力，最终构建高效、绿色、环保的稀土铈基光催化氧化 VOCs 的反应体系。

b. 光催化消除氮氧化物　氮氧化物（NO_x）主要是由于人类活动中燃料的燃烧及土壤、海洋中有机物的分解、火山喷发等而产生，是只由氮、氧两种元素组成的化合物，包括一氧化二氮（N_2O）、一氧化氮（NO）、二氧化氮（NO_2）、三氧化二氮（N_2O_3）、四氧化二氮（N_2O_4）和五氧化二氮（N_2O_5）等多种化合物，最常见的是 NO 和 NO_2 两种氮氧化物。随着社会经济的迅速发展，机动车辆的不断增加，人类向大气中排放的 NO_x 也会越来越多。

氮氧化物（NO_x）是造成大气污染的主要污染物之一，除 N_2O 和 NO 外，其他的氮氧化物都是酸性的，能与水生成硝酸或亚硝酸，不仅能引起酸雨、雾霾、光化学烟雾、温室效应、臭氧层破坏等恶劣的环境现象，而且对人体以及动植物也会产生严重的毒害作用。因此，NO_x 的消除治理刻不容缓，而解决思路即控制氮氧化物的排放以及高效地消除。光催化消除氮氧化物因为能耗小、操作简单等优点受到不少研究者的关注。如今,光催化选择性催化还原消除 NO_x 技术是应用最广的脱硝技术[32,33],该技术具有效率高、副产物少、操作简单等优点,但该技术只适用于低浓度 NO_x 的消除,且存在转化率低、选择性差等缺点,大部分还处于实验阶段。如何有效地利用铈基催化剂提高光催化消除 NO_x 的性能以及相关的反应机制等科学问题仍需要做进一步深入的研究。

c. 光催化净化二氧化碳 化石能源的大量燃烧导致大气中二氧化碳的排放量日益增加,积极应对全球能源危机和控制大气中 CO_2 总量,是世界各国面临的重大课题之一。光催化技术在太阳能驱动下将 CO_2 还原为甲醇、甲烷等清洁的碳氢燃料,是 CO_2 综合利用的有效途径之一。然而,CO_2 是一种相对稳定的化合物,虽然光催化还原 CO_2 的研究起步较早,但是太阳能转换效率最高只有 1‰ 量级,转化效率较低。基于此,研发高效的绿色催化剂是实现温和条件下 CO_2 再循环利用技术的关键。

研究表明,稀土的存在可以调节催化剂表面的酸碱性,其中 CeO_2 材料作为稀土催化材料中最重要的组成,其表面的氧空位可以作为路易斯酸性位,接受 CO_2 分子中 O 原子的 p 电子,进而促进 CO_2 分子的吸附和活化,基于此,研究者们在二氧化铈光催化还原 CO_2 方面进行了大量的研究工作[34-37]。到目前为止,通过催化剂将大气中的温室气体 CO_2 光催化还原方法是一项极具挑战性的前沿科技,其目标是合成有效的光催化材料来驱动氧化还原反应,实现其转换效率和选择性超过自然界光合作用,但仍存在反应效率不高和反应选择性差的问题,限制了该项技术在二氧化碳还原中的实际应用,后续仍需在选择合适的还原剂、提高产物的选择性和产率及设计合适的光催化反应器等方面进行更加系统、深入的研究,以期最终实现光催化还原 CO_2 技术的大规模商业化应用。表 1-4 为铈基材料在光催化消除大气污染物中的研究。

表 1-4 铈基材料在光催化消除大气污染物中的研究

催化剂	大气污染物	污染物浓度及反应条件	净化效率
Eu/CeO$_2$	HCHO	$500\mu g/m^3$,100W 100W 卤钨灯($\lambda > 420$nm)	80%
Ce-GO-TiO$_2$	HCHO	$2000\mu g/m^3$,氙灯(全光谱)	85%

催化剂	大气污染物	污染物浓度及反应条件	净化效率
$CeO_2\text{-}TiO_2$	乙醛	$300\mu g/m^3$,45%湿度	70%(紫外光)
			5%(可见光)
$CeO_2\text{-}TiO_2/g\text{-}C_3N_4$	甲苯	$700\mu g/m^3$,75%湿度,6W 日光灯	6.37×10^{-10} mol/(s·m)(紫外光)
			3.52×10^{-10} mol/(s·m)(可见光)
$Pt@CeO_2$	苯甲醇	0.1mmol,300W 氙灯 ($\lambda<420nm$)	40%
$Ce^{3+}\text{-}TiO_2$	苯	$5.5\mu g/m^3$,52%±2%湿度,8W 汞灯	70%(紫外光)
			15%(可见光)
$Mn\text{-}TiO_2/CeO_2$	甲苯	$30\mu g/m^3$,50%湿度 4W 紫外灯	50%
CeO_2/TiO_2 锐钛矿	甲苯	$700\mu g/m^3$,90%湿度,6W 灯($\lambda>290nm$)	1.2×10^{-9} mol/(s·m)(紫外光)
			3.5×10^{-10} mol/(s·m)(太阳光)
$Ce\text{-}TiO_2$	NO	$1.25\mu g/m^3$,50%湿度,卤素灯($\lambda>400nm$)	27.38%
$Au/CeO_2/TiO_2$		$0.500\mu g/m^3$,150W 卤钨灯/4W 汞灯	80%
$CeO_2/g\text{-}C_3N_4$		$100\mu g/m^3$,70%湿度,500W 氙灯($\lambda>420nm$)	55%
$MCe\text{-}LDHs$	CO_2	300W 氙灯,水	CO:13.5$\mu mol/g$
$Ce\text{-}TiO_2$		8W 汞灯,NaOH 溶液	CH_4:16$\mu mol/g$
$Fe\text{-}CeO_2$		300W 氙灯,水	CH_4:17.5$\mu mol/g$
			CO:75$\mu mol/g$
CeO_2		300W 氙灯	CO:0.2$\mu mol/g$
$CrCeO_2$		500W 氙灯($\lambda>420nm$)	CH_4:10.5$\mu mol/g$
			CO:16$\mu mol/g$
CeO_{2-x}		300W 氙灯,水	CO:13$\times10^{-6}$(体积分数)
$Pd/Ce\text{-}TiO_2$		氙灯 CO_2/H_2:1/4	CH_4:225$\mu mol/g$
			CO:28$\mu mol/g$
$Cu_2O\text{-}CeO_2$		300W 氙灯,水	CO:1.1$\mu mol/g$

② 钙钛矿结构的稀土化合物　近年来，研究者在传统稀土氧化物半导体研究的基础上，还发展了钙钛矿结构的稀土化合物[38]。稀土钙钛矿材料的报道最早出现在 1957 年，随后由于其在光电转换领域的成就，光催化领域的研究者也慢慢注意到了它，这些钙钛矿结构的稀土化合物具有较小的禁带宽度，并表现出较强的可见光催化活性。钙钛矿作为一种矿物被发现到现在，已经发展为包含有机型钙钛矿、有机无机杂化卤化物型钙钛矿、全无机卤化物型钙钛矿、氧化物型钙钛矿、无机卤氧族型钙钛矿等多种形式的一大类材料。这些钙钛矿都有着类似的 ABX_3 的化学结构。晶体结构由相互连接的 BX_6 八面体组成，其 A 位一般为正一价的阳离子，B 位一般是正二价金属阳离子，X 位一般为阴离子。稀土元素种类丰富且价态多变，是构建新型钙钛矿材料的理想对象。图 1-7 为钙钛矿晶体的结构示意图。

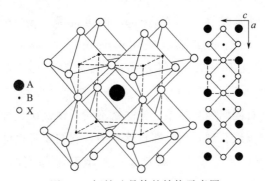

图 1-7　钙钛矿晶体的结构示意图

此外，由于稀土元素的原子半径往往大于许多金属氧化物中的金属原子，稀土化合物与其他光催化剂复合，通过构建新型异质结构，从而提高电子-空穴对的利用率，也是近年来受到广泛关注的研究领域。

第**2**章

二氧化钛光催化材料

2.1 二氧化钛的晶体结构

TiO_2 是 N 型半导体，通常天然或人工合成的 TiO_2 有很多种晶型，其中最常见的三种晶型为锐钛矿（Anatase，四方晶系，$a = b = 3.782$Å，$c = 2.953$Å，1Å＝0.1nm）、金红石（Rutile，四方晶系，$a = b = 4.584$Å，$c = 2.953$Å）和板钛矿（Brookite，斜方晶系，$a = 5.436$Å，$b = 9.166$Å，$c = 5.135$Å）型。其中板钛矿型 TiO_2 在自然界很稀有，属斜方晶系，晶型不稳定。锐钛矿和金红石同属四方晶系，但晶格不同，锐钛矿经过高温热处理后会转变为更加稳定的金红石型，而且在自然界中，它们本身也可能会转变成金红石。所以，自然界中金红石型二氧化钛比其他两种晶型的二氧化钛要常见得多[39,40]。

组成锐钛矿、金红石和板钛矿的基本结构单位都是 TiO_6 八面体，每个 Ti^{4+} 被 6 个 O^{2-} 组成的八面体所包围，不同晶型之间的区别主要在于八面体的排列方式、连接方式和晶格畸变的程度不同[41]。如图 2-1 所示，表示了 TiO_6 八面体结构单元的共顶点和共边连接方式，锐钛矿结构由八面体通过共边组成，而金红石和板钛矿结构则由八面体共顶点且共边组成。

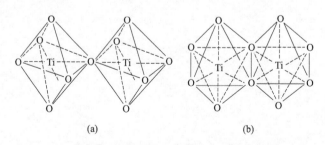

(a)　　　　　　　　　(b)

图 2-1　结构单元的共顶点方式（a）和共边方式（b）

表 2-1　不同晶型二氧化钛的晶胞结构参数

晶体结构	空间群	晶系	密度/(g/cm³)
锐钛矿型	I41/amd	四方	3.893
金红石型	P42/mnm	四方	4.249
板钛矿型	Pbca	斜方	4.133

金红石、锐钛矿和板钛矿的基本结构单元列于表 2-1 中。可以看出，锐钛矿实际上可以看作是一种四面体结构，而金红石和板钛矿则是晶格稍有畸变的八面体结构。组成金红石的 TiO_6 八面体是沿对角线方向拉长的八面体，在锐钛矿和金红石的结构中，连接 Ti 的 O 被分为两类，记做 O_1 和 O_2，而在板钛矿中连接 Ti 的 O 只有一种，不同的是 O—Ti—O 的键角发生了变化，不再是规则的 90°或 180°[42]。

金红石型和锐钛矿型 TiO_2 属于四方晶系，稳定性较好，在基础研究和实际应用领域有较为重要的作用。两者的不同之处在于：①TiO_6 八面体扭曲程度不同。在金红石结构中，TiO_6 八面体有轻微的斜方扭曲，而在锐钛矿型的结构中，TiO_6 八面体则呈现较为严重的扭曲，其结构的对称性比斜方型的还低。②TiO_6 八面体的连接方式不同。在金红石结构中，每一个 TiO_6 八面体与相邻的 10 个 TiO_6 八面体相接触，其中 2 个共边，其余 8 个共顶点。在锐钛矿结构中，每一个 TiO_6 八面体连接有 8 个 TiO_6 八面体，其中 4 个共边，其余 4 个共顶点。

组成不同晶型二氧化钛的 TiO_6 八面体结构单元如图 2-2 所示。组成二氧化钛金红石相的 TiO_6 八面体结构的对称性高于组成板钛矿相和锐钛矿相的 TiO_6 八面体结构。金红石型 TiO_2 中 Ti—O 的键距（1.949Å 和 1.980Å）比锐钛矿型 TiO_2 中 Ti—O 的键距（1.934Å 和 1.980Å）长，而 Ti—Ti 键的距离较锐钛矿型短。研究结果表明，金红石型 TiO_2 的带隙（3.0eV）略小于锐

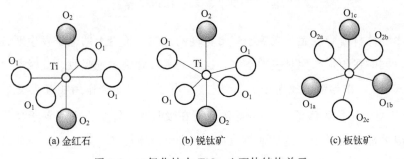

(a) 金红石　　　　　(b) 锐钛矿　　　　　(c) 板钛矿

图 2-2　二氧化钛中 TiO_6 八面体结构单元

钛矿型 TiO_2（3.2eV），比表面积较小，晶格缺陷较少，光生电子和空穴易于复合，因而光催化活性低于锐钛矿型 TiO_2[42,43]。

2.2　二氧化钛半导体的能级结构

TiO_2 是一种 N 型半导体材料，与金属材料相比，TiO_2 的能级是不连续的，有能带结构，其光催化作用与其能带结构密切相关。根据电子理论，半导体的基本能带结构是：半导体晶体中存在的分子（或原子）间相互作用，在系列满带中处于最上面的满带称为价带（Valence Band，VB），系列空带中最下面的空带称为导带（Conduction Band，CB），电子在价带和导带中是非定域化的，可以自由移动，它们之间的区域称为禁带 FB(Forbidden Band)，导带和价带之间的能量差为禁带宽度 E_g。理想半导体中，价带顶和导带底之间带隙中不存在电子状态。常见半导体材料的能带结构如图 2-3 所示[44]。

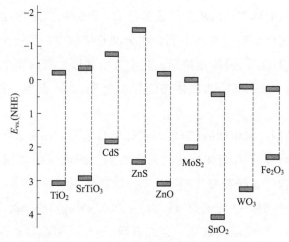

图 2-3　常见半导体材料的能带结构

半导体材料吸收大于或等于禁带宽度的光时，价带上的电子发生跃迁进入导带，同时在价带产生对应的空穴，这种光吸收称为本征吸收，此时在价带生成空穴 h_{vb}，在导带生成电子 e_{eb}，空穴和电子由于库仑作用相互束缚形成电子-空穴对，又称为激子[45]。半导体只有在吸收光子能量大于或等于禁带宽度的光时才能形成激子，锐钛矿型 TiO_2 其禁带宽度 E_g 为 3.2eV，其对光的吸收阈值（或吸收带边波长）为 390nm，按照式(2-1)计算，只能被波长小于等于 390nm 的紫外光激发而产生激子。

$$E = hc/\lambda \geqslant E_g \tag{2-1}$$

式中　h——普朗克常数，数值上等于 4.136×10^{-15} eV·s；

　　　c——真空中的光速，$c = 2.998 \times 10^8$ m/s；

　　　λ——光的波长，nm。

实际半导体中，由于半导体材料中不可避免地存在杂质和各类缺陷，使电子和空穴束缚在其周围，成为电子或空穴的捕获陷阱，产生局域化的电子态，在禁带中引入相应电子态的能级。陷阱又可分为浅陷阱和深陷阱，浅陷阱能级位于导带底的价带附近，而深陷阱能级位于禁带的中心附近。深陷阱可以捕获光生电子和空穴，起复合中心作用。另外，在半导体表面，由于晶体的周期性被破坏和各种类型的结构缺陷以及吸附等的影响，禁带中形成表面态能级。另外，半导体粒子的尺寸大小对能级结构也有较大影响，当粒子小到纳米级别时，由于纳米晶是半导体团簇，团簇中由于电子和空穴在空间限域，使价带和导带变成不连续的电子状态，与大粒子相比，导带升高价带下降，使禁带增宽。微粒尺寸越小，带隙越大，在团簇中，在导带和价带之间有深陷阱和表面态能级，对光物理和光化学性质有很大的影响。

半导体吸收能量大于或等于其禁带宽度的光子时，就会发生电子的跃迁，这种光吸收称为本征吸收，发生的跃迁称为本征跃迁。TiO_2 半导体中的本征跃迁，对应于正八面体配位化合物中 $2t_{1u}(\pi)$ 到 $2t_{2g}(d_{xy}, d_{xz}, d_{yz})$ 的跃迁，这种跃迁使价带的 O^{2-} 变成空穴 O^-，导带的 Ti^{4+} 变成光生电子 Ti^{3+}，形成了电子-空穴对 Ti^{3+}-O^-。锐钛矿型 TiO_2 的禁带宽度为 3.2eV，根据吸收带边波长 λ_g 与禁带宽度的关系可知，锐钛矿型 TiO_2 只有当吸收了波长大于或等于 387.5nm 波长的光子之后，才可以发生本征跃迁，产生光生电子和空穴[46]，发生光催化氧化反应。

光生电子和空穴的氧化还原电势与价带和导带之间带隙能宽度成正比，即带隙宽度越大，半导体的氧化还原能力越强，二氧化钛的带隙宽度较宽，使得其具有较高的光催化活性，可将绝大多数的有机污染物降解至小分子 H_2O 或 CO_2，相对而言，金红石型二氧化钛的带隙稍小一些，其氧化还原能力也就相对较弱。

2.3　二氧化钛的光催化基本原理

所谓光催化作用，就是在一定波长的光照条件下，催化材料将光能转化为可利用化学能，以此促进化合物的合成或使之降解的过程。光催化性能是纳米半导体的特有性能之一。

催化机理始于价带电子受激后发生跃迁，由于半导体能带的不连续性，产生的电子-空穴对具有一定的寿命，但一般情况下，电子-空穴对寿命都很短，电子-空穴对会迅速复合并产生一定热量，很少一部分的光生电子和空穴在电场作用下发生分离，迁移到催化剂粒子表面的不同位置，被外界物质捕获，与吸附在催化剂表面的物质发生氧化或还原反应，产生催化效果，降解外界的有机物。

TiO_2 光催化过程包括以下多个步骤：①TiO_2 受到能量大于禁带宽度 E_g 的光照射后，价带上的电子被激发产生光生电子（e^-），光生电子从价带跃迁到导带，同时在价带上留下光生空穴（h^+），形成了光生电子-空穴对；②产生的光生电子和光生空穴在电场的作用下，向 TiO_2 表面迁移；③迁移到表面的光生电子和光生空穴在 TiO_2 表面与吸附的物质发生氧化还原反应。其中，迁移到表面的光生电子 e^- 与 O_2 发生作用，生成 $HO_2 \cdot$ 和 $\cdot O_2^-$，迁移到表面的空穴 h^+ 与吸附的 H_2O 或 OH^- 发生作用，生成羟基自由基 $\cdot OH$，生成的这些活性基团和光生空穴与有机污染物发生氧化还原反应。过程中，还会出现光生电子与光生空穴的复合，并伴随热能的释放。TiO_2 的光催化机理见图 2-4。

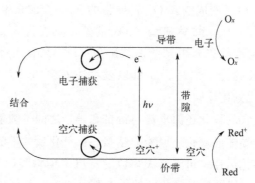

图 2-4 TiO_2 光催化机理示意图

图 2-4 中涉及的主要反应过程如式(2-2)～式(2-8) 所示：

$$TiO_2 + h\nu \longrightarrow TiO_2 + h^+ + e^- \tag{2-2}$$

$$H_2O + h^+ \longrightarrow \cdot OH + H^+ \tag{2-3}$$

$$OH^- + h^+ \longrightarrow \cdot OH \tag{2-4}$$

$$O_2 + e^- \longrightarrow \cdot O_2^- \tag{2-5}$$

$$h^+ + e^- \longrightarrow 热量 \tag{2-6}$$

$$OH + 有机污染物 \longrightarrow CO_2 + H_2O \tag{2-7}$$

$$O_2^- + 有机污染物 \longrightarrow CO_2 + H_2O \tag{2-8}$$

当体系存在合适的缺陷或存在各类杂质时，光激发所产生的电子和空穴会被束缚在其周围，使缺陷或杂质成为电子和空穴的捕获陷阱，相当于延长了它的停留时间，从而提高了发生氧化还原反应的可能性，也即提高了光催化反应的量子产率。所以现在有较多的研究集中在掺杂或引入其他离子的办法来修饰、改善二氧化钛的光催化性能。

足够能量的光激发半导体产生的空穴-电子对有纳秒（ns）级的寿命，电子-空穴对经由禁带向吸附在 TiO_2 表面的分子转移电荷，即发生多相光催化。对于 TiO_2 内部产生的光生电子和空穴，电荷转移过程的概率和速度取决于其本身吸收边带的位置和被吸附物质的氧化还原电位。锐钛矿型 TiO_2 光生电子-空穴的电势与其他常见氧化还原电对电极电势比较起来，空穴的电势比 $KMnO_4$、Cl_2、O_3 和 F_2 的电极电势都高，具有很强的氧化性。

由上述反应过程也可以看出，由于光生电子和光生空穴的存在，反应过程中产生了非常活泼的羟基自由基（$\cdot OH$）和 $\cdot O_2^-$，这些都是氧化性很强的活泼自由基，几乎可以氧化所有的有机物，使有机物氧化分解，直至完全矿化为 CO_2、H_2O 和其他无机小分子。而且，由于它们的氧化能力很强，使得氧化反应一般不停留在中间步骤，不产生中间产物，不产生二次污染。

2.4　影响二氧化钛光催化效果的因素

2.4.1　界面的吸附性质

如前面所述，光催化过程的本质是光生电子-空穴迁移到催化剂表面与吸附的物质发生电荷转移、发生氧化还原反应的过程，所以，催化剂的表面性质，特别是其对于待降解物质的吸附性能，是最基本，也是最关键的影响因素。通过化学或静电作用，光催化剂将溶液体系中的有机物质吸引到相界面，通过光催化过程诱导反应发生[47]。

离子吸附一般都遵循 Langmuir 定律，同时界面理论中的亲水性和憎水性也发挥重要作用。由于 TiO_2 本身的亲水性较弱，若水中的待降解有机污染物亲水性也较弱的话，在表面张力的作用下，有机物会被推动到 TiO_2 表面，有利于光催化反应的有效进行。通常我们追求催化剂粒径小、比表面积大，也是为了增大其吸附面积，从而提高催化效果。

2.4.2 晶型的影响

锐钛矿、金红石和板钛矿 TiO_2 中，锐钛矿较之于金红石具有较高的禁带宽度，而宽的禁带宽度意味着其电子-空穴对应着更正或更负的电位，因而氧化能力更强。另外，金红石型 TiO_2 容易形成较大的晶粒，因而对污染物分子的吸附能力较弱，故不利于其光催化活性的提高[48]。有研究指出[49]，金红石与锐钛矿混合时，其光催化活性要高于单一锐钛矿的活性，混合晶体中，由于两种晶型 TiO_2 的禁带宽度不同，相当于进行了半导体复合而形成了 TiO_2 复合半导体，一定程度上可以拓宽混晶态 TiO_2 对光的吸收范围，并且更利于光生电子和空穴的分离。

2.4.3 颗粒尺寸的影响

纳米颗粒由于具有较大的比表面积，更有利于污染物的吸附和反应，是被公认为最具应用前景的光催化剂。有研究表明，当半导体粒子的尺寸小到纳米尺度时，形成纳米晶的能级结构及其光物理性质会发生较大的变化。此时由于电子和空穴在空间限域，使价带和导带变成不连续的电子状态，成为量子化的非定域分子轨道，与通常的大粒子相比，导带升高而价带下降，使带隙变宽，微粒尺寸越小，带隙越大[14]。

2.4.4 表面积的影响

表面积是决定反应物吸附量的重要因素，而吸附量又是催化反应最基本、最关键的影响因素。在晶型及晶格缺陷等因素固定时，表面积越大，则吸附量越大，催化活性就越高。

光催化活性由多种因素共同决定，其他还有如催化剂的光吸收能力、载流子的分离程度及其转移效率等。若 TiO_2 吸收光的能力越强，产生的电子-空穴对数目就越多，得到分离的电子和空穴在被外部基体捕获时，引发氧化还原反应的概率也就越大，光催化活性就越高。另外，催化剂表面的粗糙度及结晶度、表面吸附的羟基等因素也会影响表面吸附电子-空穴的复合，从而影响催化活性。TiO_2 的表面钛羟基（Ti-OH）结构在光催化过程中也起着非常重要的作用，TiO_2 的光催化活性与表面 Ti^{3+} 的数量有关，若 Ti^{3+} 数量增加，光催化活性也会提高。

2.4.5　掺杂离子的影响

除了上述各个与 TiO_2 本身固有性状因素的影响之外，纯二氧化钛中掺杂引入的离子也会对其性能起到非常重要而关键的影响。掺杂离子的种类及其掺杂浓度，掺杂离子的电子构型，掺杂离子的半径，掺杂离子的化合价，掺杂离子在晶格内的存在状态以及掺杂离子的掺杂引入方式等因素，都会对二氧化钛的晶型、晶粒大小、形貌、分布状态、光吸收范围等方面的性质造成影响，后面在实验部分有专门讨论。

2.5　二氧化钛光催化存在的问题

TiO_2 作为传统光催化剂兼具价廉、稳定（耐光、化学腐蚀）、无毒无污染等特点，在价格、稳定性、安全等方面有着其他材料不可比拟的优势，然而却存在对可见光利用率低，光生电子-空穴对（$e^- $-$h^+$）易复合等问题。具体表现在：

① 光谱响应范围较窄，纯 TiO_2 的吸收阈值是 387nm，光吸收响应范围仅限于紫外光区，而太阳光中的紫外光仅占 5% 左右，又由于 TiO_2 的量子效率很低，基本不超过 20%，这就使得其对太阳能的利用率仅为 1% 左右。

② 光生载流子易复合，量子效率低。TiO_2 中光生电子-空穴的寿命为纳秒级，极易复合，导致光量子产率很低。

③ 粉末型 TiO_2 光催化剂的回收困难。催化剂的催化活性与粒度有很大关系，粒径越小，催化效果越好，但小粒径的光催化剂分散在污水中，给后续的水处理造成很大压力，同时，纳米级别的光催化剂很难回收，造成催化剂的损失浪费。

2.6　提高二氧化钛光催化效率的方法

为了充分利用太阳能，构建具有窄禁带宽度可见光激发的结构具有重要的意义。锐钛矿型 TiO_2 的禁带宽度（E_g）为 3.2eV，仅对占太阳光不及 5％ 的紫外光部分可以响应，难以满足对光催化剂的要求[18]。然而对于光催化半导体的选择，又不可无限制地追求窄的禁带宽度，因为半导体中位于禁带两端的导带和价带也象征着半导体表面的氧化和还原能力，像 Fe_2O_3（2.2eV）、CdS（2.5eV）、Cu_2O（2.1～2.5eV）等小禁带半导体，虽然可以充分吸收和利用可见光及太阳光，但其价带往往在比 1.23eV 更负或其导带比 0eV 更正的位置，导致其氧化还原驱动力不足，无法形成有效的氧化还原反应。

针对 TiO_2 光催化剂的改性研究主要是通过改变组成（金属、非金属、金属-非金属）掺杂、调节带隙、半导体复合、控制形貌等手段来提高其电子-空穴寿命、降低带隙能、提高比表面积而获得高的催化活性。

2.6.1 金属离子掺杂

（1）过渡金属离子掺杂

在 TiO_2 光催化剂中掺杂过渡金属离子[50-54]，不仅可以减小光生电子-空穴对的复合概率，改善光催化效率，还可以将 TiO_2 的光谱吸收范围拓展到可见光区，增加对太阳能的利用和转化。

从材料物理化学的角度看，金属元素掺杂改性二氧化钛的原理是在半导体晶格中引入缺陷或改变结晶度，在能带中引入杂质能级，从而抑制光致电子-空穴对的复合。Choi 等[55] 研究了与 Ti^{4+} 离子半径接近的 21 种金属离子对 TiO_2 的改性效果，以 CCl_4 的光催化还原和 $CHCl_3$ 的光催化氧化反应为探针，其中 Fe^{3+}、Mo^{5+}、RE^{5+} 和 V^{4+} 等离子的掺杂可以提高 TiO_2 对有机物的氧化-还原能力，而 Co^{3+}、Al^{3+} 等的掺杂却使其光催化活性下降。同时结果表明：离子掺杂对光生电子-空穴的复合率及光催化活性的影响不仅与掺杂离子的种类有关，还与其掺杂量有着密切的关系。研究指出[56]，有效的金属离子掺杂改性应具备下面的性质，即：既可以同时捕获电子和空穴使其局部分离，又能够将捕获到的电子和空穴释放并迁移到反应发生的界面处。

综上所述，无论是锐钛矿还是其它晶型的 TiO_2，通过过渡金属离子对其进行离子掺杂改性时，都会对二氧化钛的结构和形貌、电子结构、光学性质、光电属性以及电化学性能有较明显的影响。通过金属离子的掺杂，金属离子或以取代性方式进入二氧化钛晶格内部，形成新的化学键，或是以间隙型方式进入二氧化钛，引起晶格畸变，都使得材料的电子能带结构发生变化，并且通过掺杂一定程度上减小了晶体尺寸，提高了比表面积。

（2）稀土离子掺杂

稀土离子掺杂改性二氧化钛时，除了具有上述过渡金属掺杂降低带隙能、拓宽光响应范围的作用之外，由于 RE^{3+} 的半径较之于 Ti^{4+} 的离子半径要大，所以在掺杂引入稀土离子时，可以引起 TiO_2 晶格的畸变，发生晶格膨胀，引起杂质缺陷，形成电子或空穴的捕获陷阱，使得电子-空穴对可以有效分离，从而提高 TiO_2 的光催化性能。

依据产生氧空缺方式进行分类，掺杂的稀土离子与 TiO_2 晶格的作用分为两种，以＋3 价为主的常规稀土离子，如 La^{3+}、Nd^{3+}、Gd^{3+} 和 Y^{3+} 等，它们可通过扩散进入 TiO_2 的晶格替代 Ti^{4+}，产生氧空缺，从而影响 TiO_2 的光催化活性；另一种具有变价性质的稀土离子，如 Ce^{4+}、Pr^{3+}、Tb^{3+}、Eu^{3+} 等，它们易在 TiO_2 晶格表面发生氧化或还原反应，然后再通过扩散产生氧空缺进而影响其光催化活性。

侯廷红[57] 指出，稀土离子掺杂改性二氧化钛时，根据稀土离子在 TiO_2 晶格内的相对位置不同，可将 TiO_2 晶格内的掺杂离子的存在状态分为：取代型、产物型、间隙型及集聚型四类情况。

a. 取代型：掺杂离子进入 TiO_2 的晶格内部，取代原来 Ti^{4+} 的位置，形成新的化学键 RE—Ti—O，同时在 TiO_2 禁带中引进新的能级，使得电子在受光照射跃迁时由原来的一步完成转为多步完成，使得光激发阈值下降，从而实现此类掺杂型光催化剂，在不降低光生电子和空穴能量的前提下还可以拓展光的吸收响应范围的目的。

b. 产物型：掺杂的离子进入 TiO_2 晶格内形成新的化合物或固溶体，由于新生成产物的禁带宽度与 TiO_2 的禁带宽度不同，必然会使掺杂催化剂对光的吸收波长改变。如 Ce 离子掺杂后与 TiO_2 形成相应的固溶体，掺杂 TiO_2 的吸收光谱中就有新增的固溶体的本征光吸收峰出现[58]。

c. 间隙型：掺杂离子进入到 TiO_2 晶格内部，但并不取代 Ti^{4+}，只是引起原有结构的晶格畸变，同时掺杂后催化剂的光吸收谱线形状及吸收边带都略有迁移。吸收边带的移动程度与掺杂离子的半径大小及浓度相关。离子半径较大的稀土离子掺杂时，在 RE^{3+} 外层 4f 电子的作用和影响下，TiO_2 原有晶格结构中形成缺陷，使 TiO_2 的光吸收边发生移动[59]。

　　d. 集聚型：掺杂离子形成氧化物以薄膜的形式覆盖在 TiO_2 表面或在 TiO_2 内部产生集聚，形成的掺杂型 TiO_2 催化剂吸收光谱中将会出现掺杂离子氧化物的本征光吸收峰。La^{3+}、Y^{3+} 离子掺杂时在 TiO_2 颗粒表面形成一层稀土氧化物薄膜，光吸收能力的提高只与 La^{3+}、Y^{3+} 的性质相关[60]。

　　Vaclav stengl 等[61] 通过液相一步法合成了可见光响应的稀土掺杂二氧化钛光催化剂，以亚甲基蓝的降解为探针，考察了稀土掺杂二氧化钛的催化效果，结果表明，在所选的掺杂稀土（La、Ce、Er、Pr、Gd、Nd、Sm）中，Nd^{3+} 掺杂的二氧化钛在可见光下催化活性最好。D. M. Tobald 等[62] 采用固态反应在 900℃下热处理，制备了 La、Eu 和 Y 掺杂的 TiO_2 光催化剂，可见光下降解异丙醇的实验表明，掺杂样品的降解效果明显优于未掺杂样品，其中镧的掺杂量为 2.5% 时效果最好，丙酮的生成量达 32×10^{-6} mg/(kg·h)，当镧和铈的掺杂量均为 1% 时，丙酮的生成量可分别达到 27×10^{-6} mg/(kg·h) 和 26×10^{-6} mg/(kg·h)。主要是样品粒径的减小和比表面积的增大对于催化效果的影响结果，同时 900℃的高温热处理也会诱导表面氧的解析，在 TiO_2 表面上留下的氧空缺和 Ti^{3+}，使其在可见光下仍可以实现电子从价带到氧空缺的激发，提高催化活性。

　　另外，也有研究指出，通过稀土元素的掺杂可以增强 TiO_2 表面对目标污染物的吸附，从而提高其光催化性能。Li 等[63] 制备了 La^{3+} 掺杂 TiO_2，以 2-巯基苯丙噻唑为目标降解物考察其光催化性能时，发现除了 La^{3+} 对 TiO_2 晶型的影响之外，La 的掺杂使晶粒变小并且增加了催化剂表面 Ti^{3+} 的含量，随着 La 掺杂浓度的增加，TiO_2 催化剂表面的吸附能力和吸附平衡指数也相应增强。这可能归因于 La^{3+}-TiO_2 的比表面积的增大，及 La^{3+} 和—SH 基团之间形成的 Lewis 酸碱络合物。

　　目前，关于稀土掺杂改性纳米 TiO_2 的研究较多[64-67]，但其改进机理尚没有较为完善、令人信服的研究结果。在不少研究者提出的过渡金属掺杂改善 TiO_2 的机理中[68-70]，对于理解和解释稀土元素掺杂改性也将会具有重要的参考和借鉴作用。一般认为，离子掺杂主要通过下面三种方式：捕获电子或空穴，通过抑制电子-空穴对的复合速率，或者通过引起晶格畸变来影响 TiO_2 的光催化活性。掺杂引入的离子与 TiO_2 中光生电子和空穴的反应可表示如式(2-9) 和式(2-10)。

$$M^{n+} + e^- \longrightarrow M^{(n-1)+} \quad \text{电子捕获} \qquad (2\text{-}9)$$

$$M^{n+} + h^+ \longrightarrow M^{(n+1)+} \quad 空穴捕获 \tag{2-10}$$

上述反应能否发生取决于 $M^{n+}/M^{(n-1)+}$ 的能级与 TiO_2 的导带能级的相对高低，只有当 $M^{n+}/M^{(n+1)+}$ 的能级高于 TiO_2 的价带能级时，反应才允许发生。而掺杂引入的杂质能级一般位于 TiO_2 的禁带之中，导带上的电子和价带上的空穴均可被杂质能级所捕获，从而起到分离电子和空穴的作用，也即降低了电子-空穴对的复合概率，延长了载流子的寿命。因此，既可捕获电子又可捕获空穴的掺杂离子将显示较高的光催化活性。在 TiO_2 带隙中引入此类新的能级，也使能量较小的光子能激发掺杂能级上捕获的电子和空穴，拓宽 TiO_2 的光谱响应范围。

2.6.2　非金属离子掺杂

Asalli 等[71] 在 *Science* 上报道了他们的研究结果：在制备过程中利用 N 替代 TiO_2 中少量的晶格氧时，可使得 TiO_2 的光吸收拓展至 550nm，研究者认为主要是 N 和 O 的外层轨道能级相近，N 的 2p 轨道可与 O 的 2p 轨道杂化后在二氧化钛价带上形成一个新的能级，从而使 TiO_2 的带隙减小，吸收边带红移。通过亚甲基蓝的光降解实验也证明，N 掺杂后光催化剂在保持原有紫外光活性的同时，又兼具了可见光活性。由此开始，非金属元素掺杂迅速成为二氧化钛研究中的焦点。

到目前为止，主要研究的非金属元素一般为元素周期表中氧元素附近的元素，比如 B[72]、N[73]、F[74] 和 S[75] 元素等。非金属元素掺杂是将非金属元素取代 TiO_2 晶格中的部分氧空缺，拓展光响应范围，其中通过氮元素掺杂改性 TiO_2 也已取得了一定的研究进展。对于非金属元素掺杂 TiO_2 的研究报道已有很多，但由于掺杂非金属离子的价态、电负性不同等都会影响 TiO_2 的结构、形貌与催化活性，许多研究学者在 N 掺杂改性的基础之上，尝试用非金属元素 B 对 TiO_2 进行改性研究。

Zaleska 等[76] 以硼酸乙酯和硼酸为硼源，通过不同的方法制备了 B 掺杂的 TiO_2 催化剂，通过 XPS 显示，B 在 TiO_2 中主要以 B^{3+} 的形式存在，形成了 Ti—O—B 物种。紫外和可见光降解苯酚的实验表明，在波长大于 400nm 的可见光下催化活性明显，而紫外光下降解苯酚的效果并没有比纯 TiO_2 的效果好。研究也表明，当硼的掺杂量超过 10% 时将导致 B_2O_3 的出现，反而会降低光催化活性，因此，应该控制好硼掺杂剂的用量。

Li 等[77] 通过电化学沉积法制得 B 掺杂 TiO_2 纳米管，在紫外和可见光下降解苯酚的活性都明显增强，作者认为是由于 B 能够替代 TiO_2 晶格中的 O，同时 B 原子的 p 轨道和 O 原子的 2p 轨道发生混合，使得 TiO_2 带隙变窄，B 掺杂引入的新的杂质能级是其产生可见光活性的根本原因。

在对卤素掺杂二氧化钛的研究中，以氟掺杂最为活跃。Yamaki 等[78] 的研究中采用离子注入法制备的氟掺杂 TiO_2，氟取代了 TiO_2 晶格中的氧原子，使晶体中产生了空穴型缺陷，通过捕获入射光子而产生激发。也有研究认为，从电荷平衡的角度考虑，F 离子的掺杂必然导致 TiO_2 晶格中部分 Ti^{4+} 转化为 Ti^{3+}，而少量 Ti^{3+} 的存在有利于抑制载流子的复合，从而提高光催化效率。

众所周知，目前通过非金属掺杂能够拓展 TiO_2 的光响应范围至可见光。然而非金属掺杂 TiO_2 可见光催化活性的本质及机理目前也无明确定论，众多学者们也相继提出了多种机理和模型用于解释非金属掺杂改性 TiO_2 的可见光催化活性。掺杂的非金属元素是以间隙型或取代型进入二氧化钛晶体中从而产生可见光响应，抑或是掺杂的非金属元素外层电子通过与 O 的 2p 轨道杂化后引起二氧化钛禁带变小，从而拓展了二氧化钛的可见光响应范围，都是目前大家比较认可的解释。

2.6.3　稀土-非金属离子共掺杂

通过金属或者非金属元素的掺杂，纳米 TiO_2 在一定程度上改善了光催化活性，近年来，研究者开始尝试通过多种元素共同掺杂的方法来进一步改善 TiO_2 的光催化活性。在单一掺杂实验的基础上，根据相关理论，采用两种元素的协同作用改性 TiO_2，并详细研究此法对 TiO_2 各种性能的影响。

非金属与金属共掺杂提高 TiO_2 光催化活性的研究，是基于非金属掺杂可降低其禁带宽度，扩大光响应范围，而金属掺杂是通过捕获光生电子和空穴，抑制其再复合，来实现提高 TiO_2 的光催化效率的原理。关于稀土与 N 共掺杂改性 TiO_2 的研究有很多[79-83]，Li 等[84] 通过一种简单的溶胶-凝胶法制备了 La、N 共掺杂 TiO_2 光催化剂，研究指出，在掺杂样品中，La 并没有进入 TiO_2 的晶格之中，而是在间隙中以形成的 Ti—O—La 形式存在，而 N 是部分以取代的形式进入了 TiO_2 的晶格当中形成 N—Ti—O，另一部分间隙 N 以 Ti—O—N 形式存在于结晶中，因而在 TiO_2 禁带中形成了新的杂质能级，极大地提高了光催化剂的可见光吸收能力。

Ma 等[85] 的研究中发现 Sm 和 N 共掺杂纳米 TiO_2 材料，钐的掺杂能够阻止二氧化钛晶型向板钛矿的转变，且可以阻止晶粒的长大，光降解水杨酸的测试中，在可见光下 Sm 的掺杂可以大幅提高催化剂对水杨酸的吸附，原因在于 Sm 的 4f 轨道与水杨酸的基团络合，有利于光催化反应的进行，实验得出钐的最佳掺杂量为 1.5%，最佳焙烧温度为 400℃。

Zhang 等[86] 通过溶胶-凝胶及微波化学法制备了粒径在 12nm 左右的 Yb 和 N 共掺杂纳米 TiO_2 光催化剂，以 30W 日光灯作为光源，降解亚甲基蓝的光催化实验表明，所制备的共掺杂催化剂活性非常好，明显高于 P25，及 N 和 Yb 单掺杂催化剂的活性。Wu 等[87] 通过水热合成的方法制备了无序结晶核壳结构的 La-F 共掺杂 TiO_2 光催化剂，这种 （La，F）-TiO_2 纳米粒子的无序壳是由于 La^{3+} 占据了间隙而 F^- 替代了晶格中 O^{2-} 的位置。这种无序结构可以有效捕获光生空穴，因此这种光催化剂表现出了优越的光催化活性。

陈其凤等[88] 通过溶胶-凝胶-水热法制备了可见光响应的 Ce-Si/TiO_2 催化剂，其中 Ce 通过化学键连接到二氧化钛表面，Si^{4+} 则进入 TiO_2 的体相，并取代 Ti^{4+} 的位置，阻止 TiO_2 的晶粒长大和颗粒团聚，显著增大了催化剂的比表面积，从而提高可见光催化性能。Si^{4+} 的加入增加了催化的酸性位，从而提高了光催化剂的可见光催化性能，以降解罗丹明为探针反应，获得最佳催化性能的催化剂中 Ce/Ti 和 Si/Ti 的物质的量比分别为 0.01 和 0.1，实验所得的最佳焙烧温度为 500℃。

2.6.4　半导体复合

半导体复合本质上是用另一种半导体粒子对 TiO_2 进行修饰和改善，两种半导体通过某种方式在纳米尺度上构成耦合粒子。由于不同半导体具有不同的能带结构，两种或多种半导体复合之后，半导体之间的能级差使导带电子从带隙能较小的半导体注入到带隙能大的半导体，可实现有效且长期的电荷分离作用。半导体复合的主要目的是，拓展光催化剂的光响应范围，并起到抑制光生载流子复合的作用。通常在实际应用中，采用带隙能较小的半导体，如硫化物、硒化物或某些氧化物半导体来与二氧化钛复合，因所生成复合半导体的混晶效应，可以提高 TiO_2 的光催化活性，例如研究较多的半导体复合体系有如下多种：CdS-TiO_2 系[89,90]、ZnS-TiO_2 系[91,92]、ZnO-TiO_2 系[93,94]、WO_3-

TiO$_2$ 系[95,96] 等。

图 2-5 是 CdS 与 TiO$_2$ 复合半导体系的电子跃迁图。当遇到波长大于 TiO$_2$ 本征波长 387nm 的光子辐射时，虽然不能激发 TiO$_2$ 中的电子发生跃迁，却可以激发与之复合的半导体 CdS 中电子的跃迁，此时复合半导体中的电子跃迁到 TiO$_2$ 的导带上，在 CdS 的价带位置上留下相应的空穴。这种电子间接地从 CdS 向 TiO$_2$ 的迁移，实际上是两种不同半导体之间电子的迁移，通过这种复合，可以大大拓宽复合 TiO$_2$ 半导体的光吸收响应范围，同时也可以有效降低光生电子-空穴的复合，从而从根本上拓展 TiO$_2$ 光催化剂的光响应范围，并提高光催化剂的量子效率[90]。

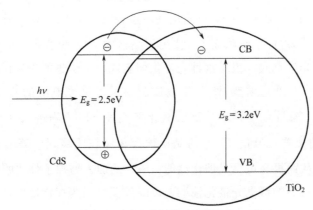

图 2-5　CdS-TiO$_2$ 复合体系电子跃迁示意图

2.7　二氧化钛的制备方法

良好的材料制备工艺是其结构、性能，甚至应用的基础，这在纳米材料的研究中显得尤为重要。不同制备方法得到的 TiO$_2$ 光催化材料往往具有不同的物理化学性质，如粒径大小、结晶性及晶型组成、颗粒形貌及分散程度、比表面积、结晶度、掺杂形态和光吸收特征等，而这些因素都会显著影响 TiO$_2$ 材料的光催化性能。

随着各种制备条件的不断改善和制备工艺的创新发展，制备 TiO$_2$ 的方法与日俱增。在实际的制备合成中，用于合成 TiO$_2$ 光催化材料的方法主要有水热合成法、溶胶-凝胶法、均匀沉淀法和微乳液法等方法。这些方法各自具有不同的特点，实际中可根据需要选择合适的合成方法。

2.7.1　水热合成法

水热法又称溶剂热法，是指在高温高压条件下，在密封的压力容器中，以水为溶剂进行的化学反应。并且依据反应类型的不同，水热反应可分为：水热氧化、水热还原、水热结晶、水热合成、水热水解、水热沉淀等，其中水热结晶法被最为广泛地使用。

水热法本质上是利用化合物在高温高压水溶液中溶解度增大，离子活度增强，化合物晶体结构转型等特殊性质，在特制的密闭反应容器里，以水溶液作反应介质，通过仪器加热创造一个高温、高压的反应环境，使通常难溶或不溶的物质溶解并重结晶，从而制得相应的纳米粉体，这种方法的优点是制得的产品纯度高，纳米粉体晶粒完整、分布均匀、粒径尺寸较小，分散性好，并且对原料要求不高，成本相对较低，在纳米催化剂的制备中应用较多。但同时，反应条件因多为高温、高压，故在装置的材质以及实验的安全方面要求较为严苛。

2.7.2　溶胶-凝胶法

溶胶-凝胶技术起源于 18 世纪，是一种制备材料的低温湿化学合成方法，随着现代材料科学技术的发展，溶胶-凝胶法在材料的开发与应用方面起着越来越重要的作用，研究人员已将溶胶-凝胶技术应用于多种材料的制备，并取得了良好的效果，如：超导材料、功能陶瓷材料、多孔玻璃材料、催化剂及酶载体、非线性光学材料等。目前，溶胶-凝胶技术已经成为材料制备领域一个极其重要的分支。

溶胶-凝胶法制备 TiO_2 时，其主要过程是在酸性的有机或无机介质中，以钛的醇盐或钛的无机盐作为原料，经过水解和缩聚等反应得到含溶剂的溶胶，再经过进一步水解、缩聚、陈化和溶剂挥发等步骤得到湿凝胶。凝胶干燥后，通过高温煅烧等热处理工序后，制得所需的纳米 TiO_2 材料。该技术无需特殊仪器设备的支持，制备条件较为温和，且制备工艺简单，反应过程容易控制，是目前最常用的 TiO_2 材料的制备方法。

由于溶胶-凝胶法通常是在室温条件下进行反应合成，所以能从分子水平上设计和控制材料的组成、均匀性与粒度，从而得到高纯、超细、均匀的纳米材料。溶胶-凝胶法是近年来被广泛采用的一种稀土掺杂 TiO_2 的制备方法。

用该法制得的 TiO_2 粉末分布均匀，分散性好，纯度高，煅烧温度低，反应易控制，副反应少，工艺操作简单，但原料成本较高，凝胶颗粒之间的烧结性差，容易造成纳米 TiO_2 颗粒的团聚。

采用溶胶-凝胶法制备的纳米 TiO_2 光催化剂具有很好的均一性和化学稳定性，可以通过调整原料配比和改进制备工艺参数，用以控制 TiO_2 的晶体结构、晶粒尺寸、形貌组成、孔径结构和比表面积等 TiO_2 性质指标，同时也可以方便地在溶胶中加入不同的化合物，实现对 TiO_2 催化剂的离子掺杂或复合改性。又因该法具有制品纯度及均匀度高，烧成温度低，反应易于控制、材料成分可任意调整、成形性好等诸多优点，同样可以制备多种不同形态的产品，如：不同形状的超细粉末，负载型薄膜，纤维，微孔无机膜，中孔和介孔材料等。

2.7.3　均匀沉淀法

均匀沉淀法是利用某种化学反应使溶液中的构晶离子由溶液中缓慢均匀地释放出来的方法，加入的沉淀剂不是立刻与沉淀组分发生反应，而是通过化学反应使沉淀剂在整个溶液中缓慢生成。该法的特点是：以生成沉淀剂的速度来控制过饱和度，从而控制离子的生成速度，制得的产品颗粒均匀，致密，便于过滤洗净，是目前工业化前景较好的一种方法。共沉淀工艺的突出优点是原料来源广，产品的生产成本低。但是该法工艺路线长，自动化程度低，且各个工序中的工艺参数和条件都须严格控制，否则难以得到分散性好的 TiO_2 产品。

2.7.4　微乳液法

微乳液法是近年来发展起来的一种制备纳米微粒的有效方法。微乳液是利用两种互不相容的溶剂在表面活性剂的作用下形成乳液，在微泡中经成核、聚结、团聚、热处理后得纳米粒子。微乳液是热力学稳定、透明的，水滴在油中（W/O）或油滴在水中（O/W）形成的单分散体系，其微结构的粒径为 $5 \sim 70nm$，其特点为粒子的单分散和界面性好，Ⅱ～Ⅵ族半导体纳米粒子多用此法制备。不论是 O/W 型还是 W/O 型微乳液，都是表面活性剂分子在油/水界面形成的有序组合体。

微乳液是利用两种互不相溶的溶剂在表面活性剂的作用下形成一个均匀的乳液，从乳液中析出固相制备纳米材料的方法。乳液法可使成核、生长、聚结、团聚等过程局限在一个微小的球形液滴内形成一个球形颗粒，避免了颗粒之间进一步团聚。

2.8 粉末型二氧化钛的固定及回收回用

TiO$_2$ 光催化剂降解染料废水时，降解率在很大程度上依赖于催化剂与有机物的接触及吸附程度，吸附及接触程度越高，催化降解的效果就越好，所以研究者们在提高二氧化钛催化效果的追求中，往往将二氧化钛制备成纳米级别，以期望得到大的比表面积且可在体系中以悬浮状态存在，从而实现与有机物的有效接触。但粒径小、悬浮相 TiO$_2$ 光催化剂存在着易团聚、分离困难、难以回收利用、无法连续运行等自身不可避免的缺陷，给后续光催化剂的分离去除及重复利用造成了很大困难，也使纳米 TiO$_2$ 光催化剂的实际应用受到了极大的限制。为了改善这方面的问题，主要有将 TiO$_2$ 制成膜进行载体固定和通过絮凝回收光催化剂等研究方法。

2.8.1 载体固定

将 TiO$_2$ 固定在某种载体上，可以解决其不易沉降、难以回收等缺点。负载纳米 TiO$_2$ 的载体种类很多，载体要具备稳定、机械强度良好、比表面积大、价格低等优点。常见的载体有金属片、分子筛、玻璃空心球等，最近研究较多的[97-99] 集中在磁性颗粒载体上，主要是指具备磁性的纳米 γ-Fe$_2$O$_3$、Fe$_3$O$_4$ 或 NiFe$_2$O$_4$ 等。喻黎明等[97] 采用直接包覆法，在 Fe$_3$O$_4$ 磁核上直接包覆 TiO$_2$ 凝胶前驱体，在低温热处理后形成磁性纳米光催化剂 TiO$_2$/Fe$_3$O$_4$，当 TiO$_2$ 的质量分数在 67.1%～73.1%范围内时，复合磁性光催化剂既具有较高的光催化降解活性，也具有较好的磁分离回收性能，循环使用 5 次后仍能保持 90%的回收率。

Bian 等[99] 通过微波加热的方法，合成了 TiO$_2$-CdS-Fe$_3$O$_4$@SiO$_2$ 纳米复合光催化剂，在紫外和可见光下均具有良好的催化活性，且由于产物包裹有磁性内核，在光催化反应结束后，对体系施加磁场后光催化剂还具有快速的磁分离效果。但通过载体固定或复合，不可避免地存在降低样品的表面积、减小光催化剂与污染物的接触面积等问题，相比悬浮催化体系，其催化活性都会有一定程度的降低。同时，磁载 TiO$_2$ 光催化剂的制备过程烦琐，在催化剂的负载技术上也仍然存在许多不成熟的地方，材料的成型率偏低，磁载光催化剂的分离回收时，需提供磁场等条件，也需要使用特殊复杂的设备。所以，在实际应用中该法存在许多不足。

2.8.2　絮凝回收

在水处理过程中，向体系加入絮凝剂时，可使水中的悬浮颗粒发生明显团聚，尺寸增大，进而通过沉降或过滤的方法与水实现分离。Lee K C[100] 等的研究中，以 PAHCS 为絮凝剂，在采用 P25 光降解 1,4-二氧杂环己烷后，对体系的 TiO_2 颗粒进行絮凝沉降实验，结果表明，当絮凝剂的浓度在 8～12mg/L 范围内时，处理后 TiO_2 悬浮液的浊度可降至 0.5NTU 以下。

徐丽凤[101] 采用多种絮凝剂对改性二氧化钛进行回收处理，通过实验条件的选择，聚丙烯酰胺（PAM）具有对 P25 型 TiO_2 及 SiO_2 改性 TiO_2 良好的絮凝回收作用，PAM 投加量为 11mg/L 时，进行催化剂重复回收利用 10 次时，P25 TiO_2 及 SiO_2 改性 TiO_2 对苯酚的降解率分别为 10.7%、52%。通过回收催化剂与不回收对比，可以节约成本 89.9%。但以聚丙烯酰胺为絮凝剂时，其合成单体丙烯酰胺具有较强的神经毒性、基因毒性和致癌性，容易造成水的二次污染，所以世界各国对其使用做了明确规定，如美国批准使用的聚丙烯酰胺的最大允许浓度不得超过 $1mg/dm^3$，英国规定的投加量不得超过 $0.5mg/dm^3$，最大投加量不得超过 $1mg/dm^3$，因此此类絮凝剂的应用也受到了较大的限制。

TiO_2 悬浮体系中，纳米级 TiO_2 以固体颗粒的形态存在，通过絮凝法可以将其絮凝沉降下来，已有的相关研究[102] 报道了这一理论推理。然而，通过絮凝使催化剂沉降下来，虽然解决了催化剂与被处理水体的分离问题，但并没有解决催化剂的回收利用问题。能否将絮凝沉降下来的 TiO_2 光催化剂通过技术分散之后再继续利用，将是一个充满疑问且值得探讨的问题，目前这方面的研究报道还很少。

在众多的絮凝剂中，聚合氯化铝（PAC）具有絮体形成快、沉淀速度高、对原水适应性强且成本低廉等优势，成为絮凝剂市场中的主流产品[103]。PAC 絮凝时，一般认为在絮凝过程中，投入的药剂与水中颗粒物相互作用后，铝的各种化合态吸附在颗粒物表面上发生电中和及黏结架桥作用，使微细颗粒能够聚集而易于从水中分离。聚合氯化铝中最佳的凝聚-絮凝成分 Al_b 含量较高时，投入水中后，其聚集体能在一定时间内保持原有形态并立即吸附在颗粒物表面，由于其分子量较大而且整体电荷值较高，因而趋向吸附及电中和的能力很强，并使电中和与吸附架桥作用协同进行，从而具有了更优异的絮凝效能。研究表明[104]，絮凝剂中的关键絮凝成分 Al_{13} 含量增加时，既可以提高絮凝效果，又可以减小絮凝剂的投加量。尽管 PAC 絮凝法在水处理中已被广泛使用，但将该类絮凝剂应用于 TiO_2 光催化剂的回收再利用以及光催化剂的后处理中还极少。

第 3 章
稀土-二氧化钛纳米材料的制备与性能研究

3.1 引言

溶胶-凝胶法是用含高化学活性组分的化合物作前驱体，在液相下将这些原料均匀混合，并进行水解、缩合、化学反应，在溶液中形成稳定的透明溶胶体系，溶胶经陈化胶粒间缓慢聚合，形成三维空间网络结构的凝胶，凝胶网络间充满了失去流动性的溶剂，形成凝胶。凝胶经过干燥、烧结固化制备出分子乃至纳米结构的材料。该法具有对制备工艺和设备要求低，容易实现掺杂及负载的优点，并且具有最终产品的颗粒分布及煅烧温度可以控制的特点，广泛用于纳米二氧化钛的制备。

稀土掺杂二氧化钛光催化剂的研究与利用，一直是 TiO_2 改性研究中的热点，不同学者也采用多种稀土元素对 TiO_2 进行掺杂改性研究，取得了一些成果。但不同学者之间的研究，在制备方法、掺杂量、光源选择及模拟污染物以及光催化评价方法上尚没有统一的标准，特别是在光催化实验中，模拟物的浓度、光的强度及催化剂浓度等因素也会影响催化降解性能，得到的结果很难直观对比不同稀土元素之间的性能差异，所以，非常有必要在同样的制备条件及光催化评价方法下，对比不同稀土元素对于 TiO_2 掺杂改性之间的差异，从而为选择真正优良的掺杂稀土元素提供指导。

以钛酸四丁酯、硝酸镧、硝酸铈、硝酸铕和硝酸钇为主要原料，采用溶胶-凝胶法制备了纯 TiO_2 及 La、Ce、Eu 和 Y 掺杂的纳米 TiO_2，每种稀土元素掺杂都进行了不同掺杂量样品的制备，通过 XRD、SEM、UV-Vis、FT-IR 和 PL 等表征手段从催化剂的晶相组成和晶体结构、表面形貌结构、带隙宽度、吸收带边及催化剂中电子-空穴对的复合等性能方面，尝试理解掺杂组分对光催化活性影响的机制。在紫外光和可见光两种不同光源下，通过亚甲基蓝为模拟污染物进行光催化降解实验来评价产物的光催化性能，并且得出不同稀土元素降解率之间的差异比较分析和具体的降解结果，为后续掺杂元素种类和掺杂量的选择提供实验依据。

3.2　材料的设计与合成

3.2.1　典型合成过程

实验采用改进的溶胶-凝胶法合成 TiO_2，以钛酸四丁酯为前驱物的醇盐金属体系制备过程中，以钛酸正四丁酯作为 TiO_2 的前驱物，用无水乙醇作为溶剂，在室温下将二者磁力搅拌 30min，使其溶液充分混合，得到透明的淡黄色溶液，记为 A 液；同时，另取一定量的蒸馏水、冰醋酸和无水乙醇，剧烈搅拌 30min 得到透明溶液，记为 B 液；在强烈的搅拌作用下，将 B 液逐滴滴加到 A 液中，注意滴加过程中要控制滴加速度约为 1mL/min，滴加完毕后，再剧烈搅拌 1h 后得稳定、均匀、清澈透明的 TiO_2 溶胶；将溶胶放置于水浴恒温箱内，80℃陈化 1h 后得到透明的 TiO_2 凝胶，再将凝胶经 80℃烘干 5h，制得干燥的 TiO_2 凝胶；用玛瑙研钵将干凝胶研成粉末状后，在 500℃下热处理 2h 后得到 TiO_2 纳米粉末。

溶胶-凝胶法制备 TiO_2 溶胶的过程中，均匀稳定的溶胶是制备性能良好光催化剂的先决条件，而由于钛酸丁酯极易水解，因此，在溶胶的制备过程中，需要加入适量的酸来抑制其水解，本实验中采用冰醋酸调节酸度来抑制钛酸四丁酯的水解速度，制备过程中按照体积比为 $V_水：V_{钛酸丁酯}：V_{无水乙醇}：V_{冰醋酸}=17：17：80：15$ 进行制备，陈化和干燥温度选择 80℃，焙烧温度选择 500℃，所制备样品记为 TiO_2。

3.2.2　稀土掺杂系列二氧化钛的制备

实验中同样采用溶胶-凝胶法对二氧化钛进行了四种不同稀土（镧、铈、铕和钇）的掺杂。分别制备了 La 与 Ti 摩尔比为 0.25：100、0.5：100、0.75：100、1.0：100、2.0：100 的掺杂镧 TiO_2 样品，在溶胶-凝胶法制备 TiO_2 的过程中，将所需量（按照摩尔比和溶液浓度计算）的硝酸镧溶液加入 B 液中，混合搅拌均匀之后再加入蒸馏水和冰醋酸，后续经过慢速滴定、恒温陈化、恒温干燥、焙烧得产物，过程与溶胶-凝胶法制备 TiO_2 的过程相同，所得产物依次记作：$La_{0.25}$-TiO_2、$La_{0.5}$-TiO_2、$La_{0.75}$-TiO_2、$La_{1.0}$-TiO_2、$La_{1.5}$-TiO_2 和 $La_{2.0}$-TiO_2。

按照上述同样的方法制备了 Ce 掺杂量分别为 0.1%、0.3%、0.5% 和 1.0% 的掺杂样品，分别记为 $Ce_{0.1}$-TiO_2、$Ce_{0.3}$-TiO_2、$Ce_{0.5}$-TiO_2 和 $Ce_{1.0}$-TiO_2；制备了 Eu 掺杂量分别为 0.5%、1.0%、1.5% 和 2.0% 的掺杂样品，分别记为：$Eu_{0.5}$-TiO_2、$Eu_{1.0}$-TiO_2、$Eu_{1.5}$-TiO_2 和 $Eu_{2.0}$-TiO_2。制备了 Y 掺杂量分别为 0.5%、1.0%、1.5% 和 2.0% 的掺杂样品，分别记为：$Y_{0.5}$-TiO_2、$Y_{1.0}$-TiO_2、$Y_{1.5}$-TiO_2 和 $Y_{2.0}$-TiO_2。

3.3　不同稀土元素掺杂对二氧化钛材料的影响

3.3.1　掺杂稀土元素种类对二氧化钛晶体结构的影响

不同掺杂量 La 和 Ce 掺杂二氧化钛的 XRD 谱图如图 3-1(a)、（b）所示。由图 3-1(a) 可知，衍射图谱中出现了各晶面族的特征衍射峰，各衍射峰峰形尖锐，说明所制备的纳米粉体结晶性能良好，所制备的纯 TiO_2 和 La 掺杂 TiO_2 的 XRD 谱图与锐钛矿相 TiO_2 的标准谱图基本吻合，样品中主要出现了锐钛矿相二氧化钛 2θ 在 25.3°、38.0°、48.2°、55.1°、62.9°处的特征衍射峰，分别对应于锐钛矿 TiO_2 晶体的 （101）、（112）、（200）、（105） 和 （204） 晶面[105]，说明该法制备的纯 TiO_2 和掺杂不同配比 La^{3+} 的 TiO_2 样品均为锐钛矿型。

从谱图中还可以看出，稀土 La^{3+} 掺杂系列样品的衍射峰的峰形及位置，与未掺杂样品的峰形及位置没有明显差别，只是随着稀土 La^{3+} 掺杂量的逐渐增加，衍射峰出现明显变宽、强度逐渐变弱的趋势。系列稀土 La^{3+} 掺杂 TiO_2 纳米粉体的 XRD 图谱中，均未出现氧化镧或其化合物的特征衍射峰或其他杂峰，说明在这样的掺杂量范围内没有出现聚集的 La_2O_3 或其他形式的镧的化合物，也有可能是掺杂的稀土含量极少或很好地分散，使得 X 射线衍射未能检测到，抑或是晶体中镧的掺杂量不大，已经以离子替代的形式进入到 TiO_2 的晶格当中。

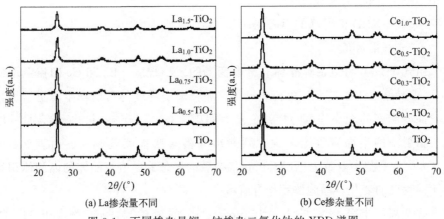

(a) La掺杂量不同　　　　　　　(b) Ce掺杂量不同

图 3-1　不同掺杂量镧、铈掺杂二氧化钛的 XRD 谱图

由图 3-1(a) 还可明显看出，随着镧掺杂量的增加，样品衍射峰的半峰宽逐渐增大，根据谢乐公式可知，相应的晶粒尺寸也逐渐减小，衍射峰宽化变矮也说明对应样品的结晶度变差。由此也说明，不同量稀土离子镧的掺杂，都有抑制二氧化钛晶粒生长，在制备中起到细化 TiO$_2$ 晶粒的作用。随着稀土 La^{3+} 掺杂量的增加，锐钛矿型 TiO$_2$ 的衍射峰明显发生宽化现象，根据 X 射线衍射峰宽化法测定纳米颗粒的平均粒径时所使用公式，即谢乐公式计算得，样品晶粒尺寸列于表 3-1 中。

表 3-1　不同 La 掺杂量光催化剂的晶粒尺寸及晶胞参数

样品	晶相	晶粒尺寸/nm	晶胞参数 a/Å	晶胞参数 c/Å	晶胞体积/Å^3
TiO$_2$	A	26	3.77676	9.48211	135.25
La$_{0.5}$-TiO$_2$	A	19	3.78122	9.46816	135.37
La$_{0.75}$-TiO$_2$	A	17	3.78193	9.48543	135.67
La$_{1.0}$-TiO$_2$	A	11	3.78101	9.45981	135.24
La$_{1.5}$-TiO$_2$	A	11	3.7832	9.47562	135.62

由图 3-1(b) 铈掺杂样品的 XRD 谱图可知，几乎表现出与镧掺杂样品同样的效果和趋势，Ce-TiO$_2$ 仍然保持了锐钛矿相结构，且随着铈掺杂量的逐渐增大，样品衍射峰的峰形宽化现象越加趋于明显（β 增大），且衍射峰的相对强度逐渐减弱。衍射峰宽化变矮的趋势同样是随着铈掺杂量的增加而越发明显，说明不同量铈的掺杂同样可以起到抑制二氧化钛晶粒生长的作用。

公式：

$$\varepsilon = \beta/4\tan\theta^{[106]} \tag{3-1}$$

式中 ε——晶格畸变程度；

$\qquad \beta$——XRD 衍射峰的半高宽；

$\qquad \theta$——衍射角。

由式（3-1）可以估算晶体晶格畸变 ε 的大小程度。La 和 Ce 的掺杂均使 TiO_2 的晶格发生了畸变，由公式可知，晶格畸变程度与衍射峰半峰宽密切相关，晶格畸变的大小程度与掺杂的量有明确关系。随着 La 和 Ce 掺杂量的增大，衍射峰的半高宽逐渐增大，判断出晶格畸变程度就越大。由表 3-1 和表 3-2 中的晶胞参数数据可以看出，掺杂后的 a 值和 c 值及晶体的晶胞体积均有不同程度的变化，晶胞体积均有所增大。

掺杂离子半径 La^{3+} 的为 0.106nm，Ce^{3+} 的为 0.101nm，都大于 Ti^{4+} 离子半径的 0.069nm，三者离子半径的顺序可以表示为：$La^{3+} > Ce^{3+} > Ti^{4+}$。在进行离子掺杂或取代时，从离子半径相似性的角度考虑，Ce^{3+} 与 Ti^{4+} 的更具相似性，较之于 La 更容易进入 TiO_2 的晶格当中。表 3-2 列出了 Ce 掺杂 TiO_2 光催化剂的晶粒尺寸及晶胞参数。

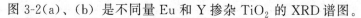

表 3-2 不同 Ce 掺杂量光催化剂的晶粒尺寸及晶胞参数

样品	晶相	晶粒尺寸/nm	晶胞参数 a/Å	晶胞参数 c/Å	晶胞体积/Å³
$Ce_{0.1}$-TiO_2	A	19	3.78096	9.47076	135.39
$Ce_{0.3}$-TiO_2	A	17	3.78418	9.46647	135.56
$Ce_{0.5}$-TiO_2	A	11	3.78211	9.45065	135.19
$Ce_{1.0}$-TiO_2	A	8	3.79252	9.48669	136.45

图 3-2(a)、(b) 是不同量 Eu 和 Y 掺杂 TiO_2 的 XRD 谱图。

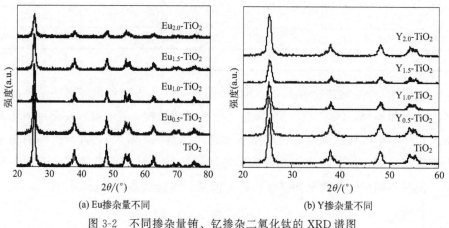

(a) Eu掺杂量不同 (b) Y掺杂量不同

图 3-2 不同掺杂量铕、钇掺杂二氧化钛的 XRD 谱图

一般地，纯纳米 TiO_2 的晶型为金红石型和锐钛矿型混合相，但以锐钛矿型为主。从上述 XRD 谱图中看出，本实验 500℃下煅烧 2h 所得的样品，无论是纯 TiO_2 还是 Eu 或 Y 掺杂 TiO_2，其组成均为单一的锐钛矿相。掺杂样品与未掺杂样品相比较，其 X 射线衍射峰的位置没有发生移动，仅是峰的宽度及相对强度变化。随掺杂量从 0.5% 增加到 2%，其衍射峰都逐渐变宽。根据谢乐公式，说明随着 Eu 和 Y 掺杂量的增加其晶粒均逐渐变小。上述 XRD 图谱中，均未出现氧化铕或氧化钇或其他化合物的衍射峰，说明在这样的掺杂量范围内没有出现聚集的稀土氧化物，当然也有可能是稀土的掺杂量太少而使 X 射线衍射未能检测到，抑或是掺杂离子已进入 TiO_2 晶体当中。

由于谢乐公式在 2θ 角小于 50°时更为精确，所以选择对第一衍射峰（101）进行分析，计算得到纯 TiO_2 和掺杂 Eu、Y 后的 TiO_2 粉体的平均晶粒尺寸如表 3-3 和表 3-4 所列，稀土掺杂可以导致晶粒尺寸的减小，即掺杂稀土有细化 TiO_2 晶粒的作用。

表 3-3　不同 Eu 掺杂量光催化剂的晶粒尺寸及晶胞参数

样品	晶相	晶粒尺寸/nm	晶胞参数 a/Å	晶胞参数 c/Å	晶胞体积/Å³
$Eu_{0.5}$-TiO_2	A	15	3.78189	9.48142	135.61
$Eu_{1.0}$-TiO_2	A	13	3.77949	9.48018	135.42
$Eu_{1.5}$-TiO_2	A	14	3.78106	9.48489	135.60
$Eu_{2.0}$-TiO_2	A	12	3.78309	9.47262	135.57

表 3-4　不同 Y 掺杂量光催化剂的晶粒尺寸及晶胞参数

样品	晶相	晶粒尺寸/nm	晶胞参数 a/Å	晶胞参数 c/Å	晶胞体积/Å³
$Y_{0.5}$-TiO_2	A	18	3.77408	9.49053	135.18
$Y_{1.0}$-TiO_2	A	16	3.77468	9.48610	135.16
$Y_{1.5}$-TiO_2	A	14	3.78013	9.48326	135.51
$Y_{2.0}$-TiO_2	A	14	3.78111	9.47415	135.45

同时，从表 3-1～表 3-4 可以看到不同掺杂量稀土元素 La、Ce、Eu 和 Y 二氧化钛的晶体学参数，与同样实验条件下制得的纯 TiO_2 样品相比，稀土掺杂样品的晶胞参数 a 值、c 值及晶胞体积均因稀土离子的掺杂而发生了改变。改变的幅度随掺杂离子的不同及其掺杂量的不同而有所不同，但总体来看，稀土掺杂样品的晶胞参数呈现增大的变化趋势。

同一系列样品，其晶胞参数数据一般能够反映此种晶体不同样品间在结构上的细微差异，或者一种晶体的结构在外界物理化学因素作用下产生的微小变化。由上面四个表格中数据可知，不论选择的掺杂离子是 La 或 Ce，抑或它们选择不同的掺杂量，稀土的掺杂均造成了 TiO_2 晶格的膨胀。

根据 XRD 数据拟合而得的晶胞参数，计算得出实验条件下制备得纯 TiO_2 的晶胞体积为 135.25Å^3，La 系列掺杂催化剂 $La_{0.5}\text{-}TiO_2$、$La_{0.75}\text{-}TiO_2$、$La_{1.0}\text{-}TiO_2$ 和 $La_{1.5}\text{-}TiO_2$ 的晶胞体积分别为 135.37Å^3、135.67Å^3、135.24Å^3 和 135.62Å^3，晶胞体积最大增幅 $\Delta V_{La掺杂} = 0.42\text{Å}^3$。对于 Ce 掺杂系列催化剂 $Ce_{0.1}\text{-}TiO_2$、$Ce_{0.3}\text{-}TiO_2$、$Ce_{0.5}\text{-}TiO_2$ 和 $Ce_{1.0}\text{-}TiO_2$，其对应的晶胞体积分别为 135.39Å^3、135.56Å^3、135.19Å^3 和 136.45Å^3，晶胞体积最大增幅 $\Delta V_{Ce掺杂} = 0.31\text{Å}^3$。晶胞体积的膨胀引起了较大的晶格畸变，从晶胞体积的增幅来看，镧掺杂催化剂的增幅要大于铈掺杂催化剂，因为本身 La^{3+}（120pm）的半径要大于 Ce^{4+}（92pm），而对应的晶胞体积增幅和离子半径呈现一致的趋势，为稀土 La 和 Ce 离子掺杂进入到二氧化钛晶体提供了凭证。

当掺杂离子为 Eu 离子时，不同样品 $Eu_{0.5}\text{-}TiO_2$、$Eu_{1.0}\text{-}TiO_2$、$Eu_{1.5}\text{-}TiO_2$ 和 $Eu_{2.0}\text{-}TiO_2$ 的晶胞体积分别为 135.61Å^3、135.42Å^3、135.60Å^3 和 135.57Å^3。Y 掺杂系列催化剂 $Y_{0.5}\text{-}TiO_2$、$Y_{1.0}\text{-}TiO_2$、$Y_{1.5}\text{-}TiO_2$ 和 $Y_{2.0}\text{-}TiO_2$ 的晶胞体积数值为 135.18Å^3、135.16Å^3、135.51Å^3 和 135.45Å^3。较之于镧、铈掺杂催化剂，晶胞体积没有大幅的改变，基本趋势仍是使二氧化钛晶胞膨胀，同样归结于 Eu 和 Y 离子的离子半径较之于 Ti 的更大的缘故。

从上面四个表中的数据同样可以看出，尽管晶胞体积呈现的是逐渐膨胀的规律，但对于独立的晶胞参数 a 值或 c 值而言，却并没有统一完整的变化规律，有时增大有时减小，增减幅度也不固定，这是由微晶材料的生长规律决定的，叶锡生等[107] 认为，微晶材料生长是在各个方向上呈非单调性，即晶体生长的各向异性才是晶体生长的一般规律。

3.3.2 不同稀土元素掺杂对二氧化钛形貌的影响

实验中采用场发射扫描电镜观察稀土掺杂对 TiO_2 晶体的形貌和结构转变的影响。图 3-3(a)～(e) 所示为不同稀土元素掺杂 TiO_2 在场发射扫描电镜下观察所得 SEM 形貌图，图 3-3(a)、(b) 是 $La_{1.5}\text{-}TiO_2$ 在不同放大倍数下的 SEM 图，其中（a）图为低倍放大照片，（b）图为高倍放大照片；图 3-3(c) 为样品 $Ce_{0.1}\text{-}TiO_2$ 的 SEM 图；图 3-3(d) 为样品 $Eu_{1.0}\text{-}TiO_2$ 的 SEM 图，图 3-3(e) 是样品 $Y_{1.5}\text{-}TiO_2$ 的 SEM 图。

从图 3-3 可以明显看出，所得样品均呈现薄片状的叠层模式排列的颗粒。图 3-3(a) 局部低倍放大的 SEM 图片显示，$La_{1.5}$-TiO_2 的整体形貌为片层状结构，小片层结构在连接上呈现类似海绵状，是众多薄片的联合体，整体堆积较为松散而不密实，这样的结构模式可为其提供较大的比表面积来吸附有机污染物。

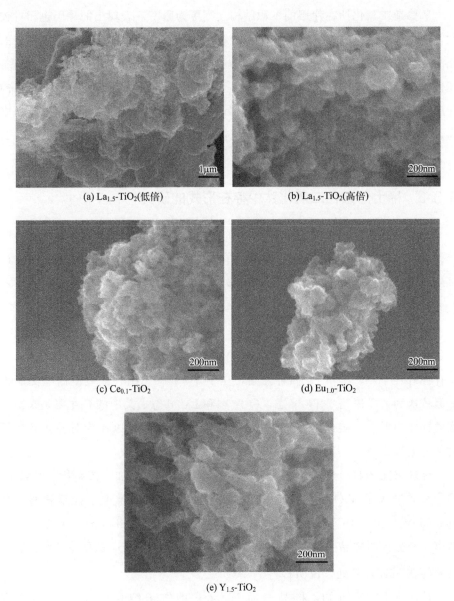

(a) $La_{1.5}$-TiO_2(低倍)   (b) $La_{1.5}$-TiO_2(高倍)

(c) $Ce_{0.1}$-TiO_2 (d) $Eu_{1.0}$-TiO_2

(e) $Y_{1.5}$-TiO_2

图 3-3 RE-TiO_2 的 SEM 形貌图

其余高倍放大照片显示，通过不同的稀土元素 La、Ce、Eu 或 Y 掺杂后，所得样品尺寸都较为均匀，表面光滑，通过标尺估算小片层每片直径都在几十纳米左右。对比而言，La 和 Ce 掺杂样品片层的粒径大小均匀，片层厚度很小，同时片层分布分散均匀，结构上呈现的孔洞和通道较为丰富，这种形貌特征也提供了较大的比表面积，有利于催化剂吸附更多的有机物分子。

Y 掺杂二氧化钛在片层的堆积结构上则更为紧密，表现出的片层也相对较大，而且片层的厚度也更厚，同时不难看出，在这种紧密堆积方式中，存在的孔洞或空隙和通道都较少，相对镧和铈掺杂样品，其比表面积一定会小很多，在催化中对于有机污染物的吸附会弱一些。图 3-3(d) 所示的 Eu 掺杂样品的片层结构及排列方式，可知片层大小及堆积紧密程度介于上述两种情况的中间，片层尺寸大于镧掺杂样品而小于钇掺杂样品，纵向上片层厚度也是介于二者之间。

3.3.3 稀土元素在二氧化钛中存在形式的研究

对典型样品进行 XPS 测试，以分析样品表面的元素组成及存在状态。同时，由于光电子能谱测试探测深度的限制，XPS 探测时仅是对样品的表面信息较为敏感，因此仅能够较为准确地反映 TiO_2 材料表面的化学成分及存在状态。

图 3-4(a)～(d) 为样品 $La_{1.5}$-TiO_2 的全能谱图及样品中的 Ti、O 和 La 三种元素的 XPS 特征能谱图。从全能谱图结果图 3-4(a) 中可以看出，该样品中存在有 Ti、O、C 和 La 四种元素，在 100～900eV 结合能范围内检测所得元素依次为：C 1s 态、Ti 2p 态、O 1s 态和 La 3d 态。其中的 C 主要是来源于实验操作中引入的碳污染，其在 284.8eV 处的特征峰用以作为对各元素分析时的荷电校正。

全能谱图 3-4(a) 中 La 3d 态的存在，说明实验中添加的掺杂稀土元素 La 原子有效进入了 TiO_2 中。图 3-4(b) 是 Ti 2p 的高分辨电子能谱信号，在 458.55eV 和 464.1eV 处的两个肩峰，结合能分别对应于 Ti 2p3/2 和 Ti 2p1/2 轨道，充分说明样品中的 Ti 是以 Ti^{4+} 的形式存在于 TiO_2 晶格中[108]。O 1s 结合能在 529.7eV 处，说明材料中含 O^{2-}。

从图 3-4(d) 可知，样品表面 La 元素的电子结合能在 853.85eV 和 836.6eV 处，与 $La3d_{3/2}$ 和 $La3d_{5/2}$ 的电子结合能对应，说明样品表面 La 主要

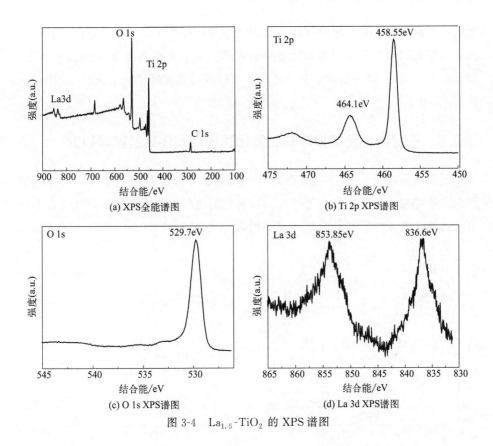

图 3-4　La$_{1.5}$-TiO$_2$ 的 XPS 谱图

以三价的形式存在，XRD 表征结果中，并没有出现 La$_2$O$_3$ 或其他镧的化合物，结合前述 XRD 图谱及拟合数据分析，认为 La 是以 La^{3+} 的形式通过掺入到 TiO$_2$ 晶格中，形成 Ti-O-La 键的形式存在的。

　　根据 La 3d 和 Ti 2p 前述的结合能数据，采用元素灵敏度因子法［公式(3-2)］进行计算：

$$n_i/n_j = (I_i/I_j)/(S_i/S_j)^{[109]} \qquad (3-2)$$

式中　n_i，n_j——i 和 j 两种元素的数量或浓度；

　　　　I——所检测光电子的强度，可以用 XPS 峰的积分面积得到；

　　　　S——原子灵敏度因子，与仪器有关。

　　本书中，Ti 2p 的 S 值取 2.001，La 3d 的 S 值取 9.122。计算得到样品中钛与镧的原子比为 45∶1，所以 La 与 Ti 的比例为 2.2%（原子百分数），比理论值［1.5%（原子百分数）］略高一些。这可能是由于在镧元素掺杂进入二氧化钛晶格的同时，另一部分镧形成少量氧化物覆盖在 TiO$_2$ 表面，导致形成产物中的 La 元素在表面得到了富集。同时我们也知道，XPS 测试在分析元素含量时，严格意义上是半定量测定，且该法由于对样品探测深度的限制，测得的元素含量数据仅为样品的表面元素分析结果，由此几个方面带来的偏差所致，总体而言，通过 XPS 测试表明该法确实可以成功地实现将稀土元素 La 掺杂引入 TiO_2 中。

3.3.4 不同稀土元素掺杂对二氧化钛光吸收性能的影响研究

实验中采用紫外-可见吸收光谱法来衡量和评价样品在不同光区的吸收情况以及不同催化剂的吸收边带波长，以及它们之间的相互区别。图 3-5 是不同镧、铈掺杂量 TiO_2 的紫外光-可见光吸收光谱图。

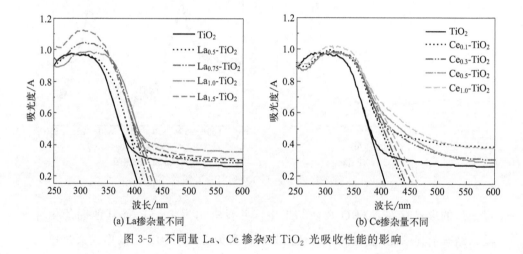

(a) La掺杂量不同　　　　　　(b) Ce 掺杂量不同

图 3-5　不同量 La、Ce 掺杂对 TiO_2 光吸收性能的影响

采用 Khan 公式[110]：

$$E_g = 1240/\lambda \tag{3-3}$$

式中　E_g——禁带宽度值，eV；

　　　λ——样品的吸收边对应的波长值，nm。

可求得不同光催化剂的吸收边带和带隙能。表 3-5 和表 3-6 是通过图 3-5 中给出的吸收边，采用 Khan 公式计算得出的不同掺杂样品对应的禁带宽度数据。

表 3-5　不同 La 掺杂量光催化剂的吸收边及禁带宽度

样品	λ/nm	禁带宽度/eV
纯 TiO_2	405	3.06
$La_{0.5}$-TiO_2	416	2.98

样品	λ/nm	禁带宽度/eV
$La_{0.75}$-TiO_2	426	2.91
$La_{1.0}$-TiO_2	438	2.83
$La_{1.5}$-TiO_2	434	2.86

表 3-6　不同 Ce 掺杂量光催化剂的吸收边及禁带宽度

样品	λ/nm	禁带宽度/eV
纯 TiO_2	405	3.06
$Ce_{0.1}$-TiO_2	438	2.83
$Ce_{0.3}$-TiO_2	443	2.8
$Ce_{0.5}$-TiO_2	454	2.73
$Ce_{1.0}$-TiO_2	465	2.66

由上述图、表可知，与纯 TiO_2 的紫外-可见吸收光谱相比，掺杂稀土元素 La 或 Ce 后，样品的吸收边带均有不同程度的红移，禁带宽度也相应有小幅度的减小，同时样品在可见光区的吸收也有一定的增强，特别是 Ce 掺杂样品，当 Ce 的掺杂量增大时，样品对于可见光的吸收明显增强。其中，镧掺杂样品中，镧掺杂量为 1.0% 时，对应样品的吸收边红移和带隙减小程度最大，吸收边带从未掺杂的 405nm 增大到 438nm，红移了 33nm，相应地，带隙能降低了 0.23eV。在铈掺杂改性样品中，铈的掺杂量为 1.0% 时，吸收边红移幅度最大，达到了 60nm，相应地，带隙能降低了 0.40eV，理论上讲，可以明显改善催化剂的可见光吸收能力。

产生该现象的原因是掺入稀土离子对 TiO_2 的电子结构产生了干扰，由于稀土的掺入，TiO_2 的导带和禁带之间引入了杂质能级，杂质能级与 TiO_2 的导带和价带发生杂化，使导带向下移动，价带则向上移动，因而使得稀土掺杂改性后的 TiO_2 禁带宽度变小，在吸收谱中出现吸收边红移的现象。La 和 Ce 的掺杂引起二氧化钛晶体本征吸收边红移，另一原因就是由于掺杂引起样品晶粒减小的同时，也增加了 TiO_2 颗粒的内部应力，而内部应力的增加最终会导致能带结构的改变，从而使带隙、能级间距变窄，使得紫外光-可见光吸收曲线边带发生红移。

La-TiO_2 催化剂在不同程度上对光的吸收增强，结合上述 XPS 分析结果可知是由于少量 La^{3+} 掺杂进入晶格形成 Ti—O—La 键，造成了电荷的不平衡，为了补偿电荷平衡，Ti^{4+} 被还原为 Ti^{3+}，体系增加了氧空缺，而 Ti^{3+} 物种可以拓宽 TiO$_2$ 对可见光的吸收。

图 3-6(a)、(b) 分别是不同铕、钇掺杂量 TiO$_2$ 的紫外光-可见光漫吸收光谱图。

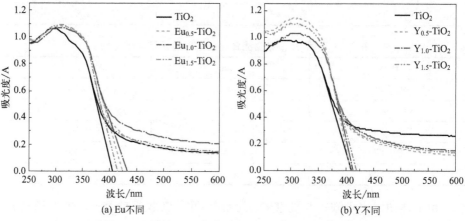

(a) Eu 不同   (b) Y 不同

图 3-6 不同量 Eu、Y 掺杂对 TiO$_2$ 光吸收性能的影响

由图 3-6 可以看出 Eu 掺杂及 Y 掺杂样品的吸收边长，采用 Khan 公式计算出不同样品对应的禁带宽度值，列于表 3-7 和表 3-8 中。

表 3-7　不同 Eu 掺杂量光催化剂的吸收边及禁带宽度

样品	λ/nm	禁带宽度/eV
纯 TiO$_2$	405	3.06
Eu$_{0.5}$-TiO$_2$	424	2.92
Eu$_{1.0}$-TiO$_2$	433	2.86
Eu$_{1.5}$-TiO$_2$	415	2.99

表 3-8　不同 Y 掺杂量光催化剂的吸收边及禁带宽度

样品	λ/nm	禁带宽度/eV
纯 TiO$_2$	405	3.06
Y$_{0.5}$-TiO$_2$	406	3.05
Y$_{1.0}$-TiO$_2$	412	3.01
Y$_{1.5}$-TiO$_2$	416	2.98

由 Eu 掺杂样品的 UV-Vis 图谱和对应的禁带宽度数据可知，二氧化钛通过 Eu 掺杂后，其对于光的吸收，无论在紫外光区还是可见光区都得到了一定程度的加强，即增加了对光的吸收效率。同时，Eu 掺杂样品的吸收边均发生了不同程度的红移。稀土元素 Eu 的外层电子排布为 $4f^7 6s^2$，f 电子呈半充满

状态，这种电子排布结构中，因为外层不含有 d 电子，而 4f^7 轨道能量与 O 2p 相近，所以它们之间可以发生相互作用，在二氧化钛禁带中形成杂质能级，使得光生电子在吸收能量较小的光辐射下可以通过多步跃迁的方式形成载流子，增强其对光的利用率，拓展光响应范围，移动幅度最大的 Eu$_{1.0}$-TiO$_2$ 样品吸收边带红移了近 30nm。

由图 3-6(b) 可以看出，Y 的掺杂增强了样品在紫外光区的吸收，但却降低了样品在可见光区的吸收。同时，Y 掺杂样品的吸收边带变化都较小，红移幅度也都在 10nm 左右。从外层电子排布来看，Y 含有一个 d 电子，没有可以与 TiO$_2$ 相互作用的 4f 电子，因而不能像上述 Eu 掺杂样品一样在二氧化钛禁带中形成新的杂质能级，只是利用掺杂进入的 Y 使 TiO$_2$ 的导带稍微下移，带隙减小，从而表现在紫外光-可见光吸收谱上的稍稍红移。

3.3.5　不同稀土元素掺杂对二氧化钛成键情况的影响

图 3-7 为稀土元素 La、Ce、Eu 和 Y 的掺杂量均为 1.0% 时，稀土掺杂 TiO$_2$ 与纯 TiO$_2$ 的红外对比图。

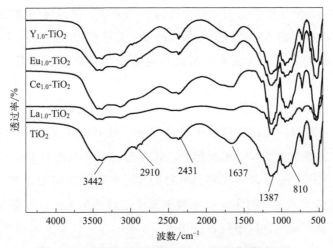

图 3-7　不同稀土元素掺杂 TiO$_2$ 的红外谱图对比

图 3-7 中，在 3442cm^{-1} 附近有一个较高强度的吸收峰，它是非缔合的 —OH 基团的伸缩振动引起的，与毛细孔水和表面吸附水有关，与它相似的是在 1637cm^{-1} 附近的峰也是属于 TiO$_2$ 表面的 —OH 基团的伸缩振动峰[111]；在 2910cm^{-1} 附近出现的峰是归属于前驱体的有机物煅烧后残留物的 —CH—

的伸缩振动峰，$1387cm^{-1}$ 处为其面内弯曲振动峰；$2431cm^{-1}$ 处为样品出现的较强吸收峰，是 $C=O$（羰基）弯曲振动引起的，由于制样时空气当中的 CO_2 所致；后面在 $800\sim450cm^{-1}$ 处的强吸收峰为 TiO_2 晶体表面的 Ti—O 键的伸缩振动的吸收峰[112]。

IR 图谱上 $3400cm^{-1}$ 处出现独立羟基伸缩振动的特征吸收，说明表面均有吸附水解产生的表面羟基，说明 TiO_2 受光激发后产生的空穴与表面吸附的 H_2O 或—OH 有关，进而进行离子反应，形成了羟基自由基。与未掺杂 TiO_2 谱图比较，稀土掺杂后部分吸收峰发生变形，这主要是由于掺杂引起基团间作用力的改变，从而导致吸收峰的变形。在图中，我们并没有发现 RE 与其他基团或者 Ti 的峰，这与前述 XRD 分析结果一致。

3.4　光催化性能研究

紫外光-可见光分光光度计评价光催化活性的原理：每种物质的分子和原子并不是对所有波长的波都有吸收作用，而只是对某一个特定波段的光具有明显的吸收作用，通过检测它们对哪个波段的光吸收，就可以知道是哪种物质。同时，还可以根据物质对光的吸收强弱程度，对这种物质的含量进行定量分析测量。这种利用分光光度法对物质进行定量分析的原理就是基于朗伯-比尔定律。

光催化性能测试时，紫外光以 15W 紫外灯作为光源，可见光以 300W 氙灯作为光源，降解污染物选择亚甲基蓝溶液。取 100mL 亚甲基蓝溶液（$C=20mg/L$），投加 0.2g TiO_2 光催化剂，先在暗处搅拌吸附 0.5h，开始灯下光降解反应，每隔 30min 取一次样。取得的样品溶液通过离心机离心后，用紫外光-可见光分光光度计测定反应过程中亚甲基蓝的吸光度，降解过程一般跟踪 2h。亚甲基蓝随时间降解过程可用图 3-8 表示。

在图 3-8 中，亚甲基蓝降解过程使用的是 $La_{2.0}\text{-}TiO_2$ 作为光催化剂，从图中看出，随着降解时间的不断延长，亚甲基蓝的吸光度值逐渐减小，根据朗伯-比尔定律，亚甲基蓝溶液的浓度也在逐渐降低，说明溶液中的亚甲基蓝分子在不断被降解消耗。从全波段扫描结果来看，亚甲基蓝分子的最大吸收波长在 664nm 处，后续实验中计算亚甲基蓝降解率时都采用 664nm 波长对应的吸光度值进行计算。

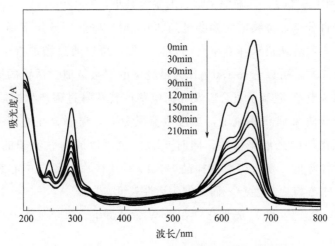

图 3-8 光照时间对亚甲基蓝溶液降解率的影响

3.4.1 最佳掺杂量的选择

按照前述光催化性能测试流程，以 15W 紫外灯为光源进行紫外光条件下的光催化实验，使用实验所制备的镧掺杂系列催化剂进行光催化实验评价，120min 内对于亚甲基蓝的降解率如图 3-9 所示。

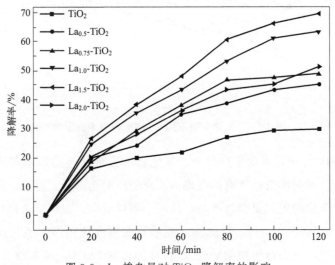

图 3-9 La 掺杂量对 TiO_2 降解率的影响

从图 3-9 可知，La 掺杂样品的光催化活性相比于纯 TiO_2 都有所提高，且随着掺杂元素 La 掺杂量的增大，降解率呈线性增长趋势。但当镧的掺杂量从

1.0％增大到 1.5％时，其降解率增大的幅度减小，在 120min 时二者相比降解率相差 6 个百分点，继续增大掺杂量到 2.0％时，降解率开始下降。所以，在今后的合成中，若从追求降解率高的指标出发，可以通过增加掺杂量来完成，若考虑综合成本，可以选择 1.0％作为最经济的掺杂量值。适量的掺杂离子会对电荷分离、电荷-载流子复合以及界面电荷的转移等过程产生影响，La^{3+} 可作为一个俘获阱来捕获载流子，加快载流子分离，遏制光生电子-空穴复合，以此提高催化剂的光催化活性；同时，La^{3+} 也可以成为载流子的复合中心，使光催化活性降低。在共掺杂的样品中，La^{3+} 往往成为复合中心载体，掺杂浓度越高，中心将更加复杂，而光催化活性较低。

不同 Ce 掺杂量 TiO_2 光催化剂在 15W 紫外灯下，降解亚甲基蓝的降解率如图 3-10 所示。

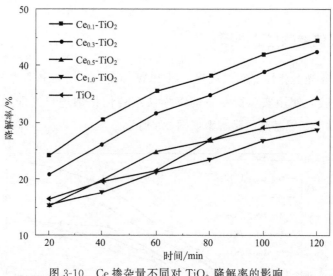

图 3-10　Ce 掺杂量不同对 TiO_2 降解率的影响

由图 3-10 可知，铈的掺杂对于二氧化钛的光催化性能影响与掺杂量的关系非常密切，不同掺杂量下有的会提高而有的反而会降低其性能，所以在铈掺杂时对于掺杂量的控制要非常严格。从图中可以看出，在试验范围内，当掺杂量较小时：0.1％和 0.3％，铈的加入能够较大幅度地提高二氧化钛对于亚甲基蓝的降解率，但当铈的掺杂量较大时：0.5％或 1.0％，基本没有改善效果，甚至反而降低其催化性能。总体来看，随着铈掺杂量的减小，催化性能逐步提高，这一趋势与镧掺杂结果刚好相反，而且，当铈的掺杂量仅为 0.3％时，120min 对于亚甲基蓝的降解率可以达到 44.5％。铈的最佳掺杂量相比镧而言，降低了 80％左右。

图 3-11 是不同 Eu 掺杂量催化剂在 15W 紫外灯下降解亚甲基蓝的降解率对比图。

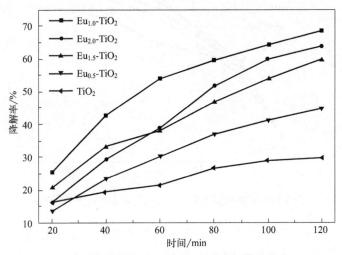

图 3-11 Eu 掺杂量不同对 TiO$_2$ 降解率的影响

由图 3-11 可知，Eu 的掺杂都可以提高 TiO$_2$ 的光催化效果，且随着掺杂量的增加，催化效果明显提高。但是掺杂量对 TiO$_2$ 光催化性能的影响也不是简单的线性关系，从实验中所取的几组掺杂量可以看出，铕掺杂量为 1％时催化效果最好，120min 对亚甲基蓝的降解率可达到 68.7％，继续提高铕的掺杂量反而会降低其催化降解效果。依据 XRD 分析结果，掺杂的 Eu 在 TiO$_2$ 晶格中晶格膨胀引入了新的缺陷位置，进而影响了光生载流子和空穴的复合。当新的缺陷位置成为电子或空穴的陷阱时会延长其寿命，反之若成为电子-空穴的复合中心则会加快其复合，因此，在掺杂时，存在一个最佳浓度值[113]。

图 3-12 是不同 Y 掺杂量催化剂在 15W 紫外灯下降解亚甲基蓝的降解率对比图。由图 3-12 可知，钇掺杂量在 1.5％以下时，光催化活性随着钇含量的增加而增加；当掺杂量在 1.5％以上时，光催化活性随着钇含量的增加而减少，钇含量在 1.5％时，光催化降解亚甲基蓝活性最好，同时可以看出，钇的掺杂能够明显改善光催化性能。

当稀土掺杂浓度较低时，稀土元素进入 TiO$_2$ 晶格引起晶格畸变，导致 TiO$_2$ 表面氧原子逃离晶格而形成的氧空位成为光生电子的捕获中心，从而有效地抑制了光生载流子的复合，提高了光催化活性。当掺杂浓度过大时，一方

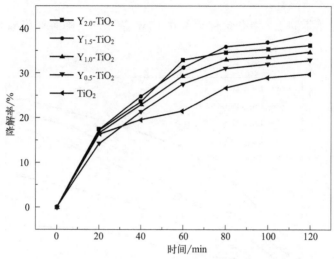

图 3-12　Y 掺杂量不同对 TiO_2 光催化降解率的影响

面任民等[114] 认为电子陷阱和空穴陷阱点距离缩短，复合变得容易，另一方面刘奎人等[115] 认为会发生大量的 Ti—O—RE 键合，使得表面氧空位和缺陷浓度减小，而且覆盖在 TiO_2 表面的过多稀土氧化物使 TiO_2 的晶粒增大，比表面积下降，并会变成光生载流子的复合中心。另外掺杂浓度过高将不利于载流子向催化剂表面的扩散，从而使得光催化活性降低。最佳掺杂浓度为 TiO_2 表面空间电荷正好等于入射光穿透深度时的掺杂浓度，此时光生电子和空穴达到最优分离，对光催化最有利。

3.4.2　最佳掺杂元素的选择

按照前述光催化实验结果，实验均是以催化剂对于亚甲基蓝在紫外光下的降解率作为评价标准，结果表明，在所选取的掺杂元素 La、Ce、Eu 和 Y 中，前三个元素掺杂的 TiO_2 样品均能表现出良好的催化性能，只有重稀土元素 Y 掺杂的 TiO_2 样品对于亚甲基蓝的降解效果较差，相同时间内其降解率仅为前述 La 掺杂样品降解率的 56％。同时，在典型轻稀土元素 La 和 Ce 掺杂样品中均能保持高降解率的同时，掺杂量也很小，特别是具有变价特性的 Ce 元素，在掺杂量仅为 0.3％时就可以达到高的降解率，性能非常好，可以作为掺杂的稀土元素进行深入研究。

实验所得催化剂中最佳掺杂量对于不同元素来说对应不同的量，La 的最佳掺杂量为 1.5％，Ce 的最佳掺杂量为 0.1％，Eu 的最佳掺杂量为 1.0％，而

Y 的最佳掺杂量为 1.5%。总体来看，稀土元素的掺杂量大多在 1.0% 左右，只有 Ce 在较小掺杂量范围才能够表现出较好的掺杂效果。四种稀土掺杂样品中，每种掺杂元素选择上述最佳掺杂量，实验结果对比如图 3-13 所示。

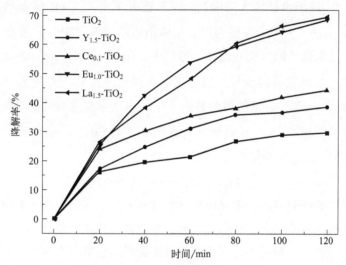

图 3-13　不同稀土元素在最佳掺杂量下掺杂 TiO_2 对亚甲基蓝的降解率

由图 3-13 可以明显看出，在实验所选的四种稀土元素中，每种元素在各自的最佳掺量时，图中 5 种催化剂即纯 TiO_2、$Y_{1.5}$-TiO_2、$Ce_{0.1}$-TiO_2、$Eu_{1.0}$-TiO_2 和 $La_{1.5}$-TiO_2 在 120min 时对亚甲基蓝的降解率分别为 29.8%、38.7%、44.5%、68.7% 和 69.6%。由此组数据可知，对于亚甲基蓝的降解效果大致分为两类：La 和 Eu 掺杂样品的降解效果明显优于 Ce 和 Y 掺杂的样品。也可以看出，不同元素之间，其最佳掺杂量的值也有较大差异。

目前国内外对稀土离子在 TiO_2 晶格中的存在形态和位置还存在争议。一种观点认为，由于稀土离子与 Ti^{4+} 半径的较大差异，RE^{3+} 不可能进入 TiO_2 晶格去取代 Ti^{4+} 的位置，而是形成相应的稀土氧化物弥散分布在 TiO_2 表面或周围；而另一种观点则认为，稀土离子有可能取代 Ti^{4+} 进入 TiO_2 晶格中，或不替代 Ti^{4+} 的位置而只是以存在于间隙中的形式进入晶格中[116]。

上述实验掺杂的稀土离子中，La^{3+}、Ce^{4+} 和 Eu^{3+} 的离子半径均远大于 Ti^{4+} 的离子半径，若能够进入 TiO_2 晶格中，则必然会引起 TiO_2 晶格较大的膨胀，而由此造成的晶格畸变程度又对 TiO_2 的光催化活性提高有着重要的影响。从一定意义上讲，掺杂 TiO_2 的晶格膨胀程度对稀土掺杂 TiO_2 光催化活性有重要的作用。我们认为，由于 La^{3+} 的半径最大，理论上讲是最难掺杂进入晶格当中的，而结合前述 XRD 图谱及 Jade 拟合数据，以及 La 掺杂样品的 XPS 测试结果可知，样品中确实有少量的 La^{3+} 掺杂进入 TiO_2 晶格中并形成了 Ti—O—La 键。

由于 La^{3+} 离子半径较大的限制，不可能完全进入 TiO_2 的晶格内部而取代 Ti^{4+}，掺杂进入的部分镧还会以氧化镧小团簇的形式均匀分散在 TiO_2 中，抑或存在于二氧化钛的钛氧八面体间隙当中。在 TiO_2 和 La_2O_3 界面处，部分 Ti^{4+} 由于离子半径较小的缘故，倒是可以顺利地进入 La_2O_3 中形成 Ti—O—La 键，形成 Ti—O—La 键的同时必然导致 La_2O_3 晶格电荷的不平衡，为了弥补点电荷的不平衡，TiO_2 样品表面将吸附更多的 OH^-，这样就可以进一步促使纳米 TiO_2 光催化氧化：

$$OH^- + h^+ \longrightarrow \cdot OH \tag{3-4}$$

上述过程的顺利进行，不仅可以有效分离光生电子和空穴，同时也可以促进更多羟基自由基的生成，增强产物的光催化氧化性能。所以，样品界面处出现掺杂元素的氧化物覆盖层，对于产物性能的提高也有很大帮助。同时，从前述的 XRD 及 XPS 结果可以看出，掺杂的 La 元素也确实是以两种形式进入 TiO_2 中的。

四种稀土元素大体体现了两种差距较大的效果，我们认为这些差距的来源最主要还是由于它们之间离子半径的大小差距，La^{3+} 和 Eu^{3+} 的半径远大于 Ce^{4+} 和 Y^{3+} 的半径。在不同稀土掺杂改性二氧化钛的过程中，无论是 RE^{3+} 或 Ce^{4+} 取代 Ti^{4+} 而进入 TiO_2 晶格之中，抑或是不取代 Ti^{4+} 进入 TiO_2 晶格内部，只是引起晶格畸变，不论哪种形式的进入，它引起的晶格畸变都与离子半径密切相关。稀土元素之间由于离子半径的差异而引起的晶格畸变程度的不同，以及催化剂粒径大小不同，是它们之间光催化活性不同的主要原因。

3.4.3 最佳条件下可见光催化实验

以初始浓度为 20mg/L 的亚甲基蓝溶液为目标降解物，在 300W 氙灯下进行光降解实验，以 120min 为考察周期。选择前述实验挑选出的每种稀土元素在最佳掺杂量下的催化剂进行光降解实验，所得降解率对比图如 3-14 所示。

由图 3-14 可以看出，在可见光下不同稀土掺杂二氧化钛降解亚甲基蓝时，稀土元素的掺杂基本都能够提高 TiO_2 的光催化效果，但提高的幅度均没有紫外光下提高的大。纯 TiO_2、$Y_{1.5}$-TiO_2、$Eu_{1.0}$-TiO_2、$Ce_{0.1}$-TiO_2 和 $La_{1.5}$-TiO_2

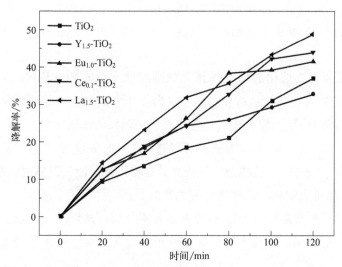

图 3-14　300W 可见光下不同稀土掺杂 TiO_2 对亚甲基蓝的降解率

在此条件下，在 120min 时对亚甲基蓝的降解率分别为 37.08%、32.8%、41.5%、43.9% 和 48.9%，可见光下稀土掺杂 TiO_2 对亚甲基蓝的降解率均明显低于紫外光下的降解率。图中表达的纯 TiO_2 及 4 种不同稀土掺杂催化剂在 120min 内的任何时间段对亚甲基蓝的降解率都相差不大，实验证明通过稀土元素的单独掺杂，来改善二氧化钛在可见光下对亚甲基蓝的催化降解能力，作用非常有限。

TiO_2 类半导体光催化材料的光催化性能，主要受热力学和动力学两方面因素的共同影响。热力学方面的影响因素主要指半导体导带及价带的电势、光生电子的还原能力、光生空穴的氧化能力及半导体的光谱响应范围等。动力学上的影响因素主要是载流子的产生及捕获效率，只有及时抑制电子和空穴的复合，延长载流子的寿命，才能使光催化反应更有效地被引发。所以催化剂表面吸附的被降解物质基团以及其他能够起到光生电子或空穴传递、转移的基团浓度都将对催化过程造成影响。另外，辐射光的强度等也会对催化过程有影响。

3.5　本章小结

本章介绍采用溶胶-凝胶法制备了不同稀土元素 La、Ce、Eu 和 Y，以及每种稀土元素不同量掺杂的纳米二氧化钛，通过实验得出以下结论：

① 稀土元素 La、Ce、Eu 和 Y 在实验的掺杂量范围下，对 TiO_2 均可以起

到抑制晶粒生长、细化晶粒的作用。同时稀土元素的掺杂导致 TiO_2 的晶胞体积发生不同程度的膨胀，晶胞膨胀程度与掺杂离子的种类和数量并没有严格的线性关系。

② 实验所得光催化剂均呈现薄片状堆积状态分布的形貌特点，La、Ce、Eu 和 Y 的掺杂可使片状结构在横向和纵向生长方面都变小。特别是 La 和 Ce 的掺杂使片层结构堆积较为分散均匀，提供了较大的比表面积。

③ La、Ce、Eu 和 Y 的掺杂都可以使 TiO_2 的吸收边发生一定程度的红移，同时 La、Ce 和 Eu 的掺杂可以提高其在整个测试波长范围内的吸收强度。理论上讲，均可以增强二氧化钛对可见光的利用。

④ 通过对典型催化剂进行 XPS 表面元素分析，发现掺杂的稀土元素已经成功掺杂进入 TiO_2，结合半定量计算分析，掺杂元素进入的量与实际值偏差不大。

⑤ 光催化剂实验中，La、Ce、Eu 和 Y 的掺杂都可以提高 TiO_2 在可见光和紫外光下对亚甲基蓝的降解效率，紫外光下对于降解率的提高高于可见光下，且在不同的光辐射下，轻稀土元素 La 和 Ce 的改善效果更为优秀，重稀土元素 Y 的改善效果最差。La 的最佳掺杂量为 1.5%，而 Ce 的最佳掺杂量为 0.1%。

第4章

Eu-Y共掺杂二氧化钛纳米材料的制备与性能

4.1 引言

对二氧化钛进行掺杂改性的研究当中，稀土离子由于其特殊的 4f 电子构型，受到了人们广泛的关注，稀土掺杂也确实提高了二氧化钛的光催化性能。近来对于两种稀土元素同时掺杂的研究也逐渐增多[117-120]。王大刚等[120] 通过溶胶-凝胶法制备了 Er^{3+}-Ce^{3+}、La^{3+}-Fe^{3+} 共掺杂的二氧化钛光催化剂，通过多种手段讨论了影响催化活性的内在原因。La-Eu 共掺杂 TiO_2 在紫外光下体现了对于亚甲基蓝的高催化活性，实验表明催化剂中存在的 Ti-O-La 和 Ti-O-Eu 键能够抑制 TiO_2 锐钛矿向金红石的转变，催化活性的提高主要来源于带隙宽度的红移和催化剂粒径的减小。

前面章节中催化剂的性能测试显示，Eu 的掺杂量在 1.0% 及以上时才能达到对于催化活性较好的改善效果，而我们知道，Eu 的价格非常昂贵。本章采用提高催化性能较好的稀土元素 Eu 和离子半径较小的稀土元素 Y，对 TiO_2 进行共掺杂改性研究，以期达到降低 Eu 的掺杂量而保证催化活性的目的。同时，为阐明稀土元素掺杂改性二氧化钛光催化过程的机理提供进一步依据。

4.2 Eu-Y 共掺杂二氧化钛光催化剂的制备

典型合成过程：将 17mL 钛酸四丁酯与 50mL 无水乙醇的混合液在激烈搅拌的条件下，逐滴、缓慢地滴加到 10mL 硝酸、20mL 无水乙醇及一定体积 $Y(NO_3)_3 \cdot 6H_2O$ 和 $Eu(NO_3)_3 \cdot 6H_2O$ 溶液的混合液中，室温下继续搅拌

2h 保证钛水解完全之后，室温陈化 12h，80℃干燥 2h 后，在 450℃、500℃、550℃和 600℃四个温度下焙烧 2h 得 Eu-Y-TiO$_2$，掺杂时硝酸铕和硝酸钇均配制成 0.1mol/L 溶液进行。样品中 Eu 和 Y 的总量与 Ti 的摩尔比为 1.5∶100，其中不同样品间 Eu 和 Y 的摩尔比分别为：4∶1、3∶2 和 1∶4，所得产品分别记为：Eu$_{1.2}$-Y$_{0.3}$-TiO$_2$、Eu$_{0.9}$-Y$_{0.6}$-TiO$_2$ 和 Eu$_{0.3}$-Y$_{1.2}$-TiO$_2$。

4.3 稀土-稀土元素共掺杂对二氧化钛材料的影响

4.3.1 温度和掺杂元素配比对二氧化钛相组成的影响

不同比例 Eu、Y 共掺杂二氧化钛的 XRD 谱图如图 4-1、图 4-2 所示，图 4-1 为不同焙烧温度下样品的 XRD 谱图，图 4-2(a)、(b) 为 500℃下焙烧两种稀土不同掺杂配比样品的 XRD 谱图，图 4-2(b) 为将图 4-2(a) 中的第一主峰放大后所得的 XRD 谱图。

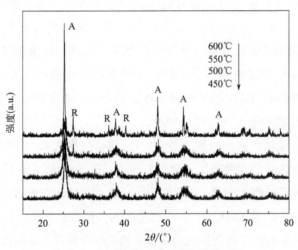

图 4-1　焙烧温度对样品相组成的影响

众所周知，TiO$_2$ 的相组成是影响其催化活性的重要因素，锐钛矿型 TiO$_2$ 的催化活性更好。图 4-1 所示的是样品在焙烧温度从 450℃到 600℃的 XRD 谱图，从图中可以明显看出，在焙烧温度为 600℃时，产物中除了有锐钛矿型 TiO$_2$ 的特征衍射峰外，还出现了明显的金红石相 TiO$_2$ 的衍射峰，说明在此温度下，部分锐钛矿型 TiO$_2$ 已经转变为了金红石相，但锐钛矿型仍占主导位

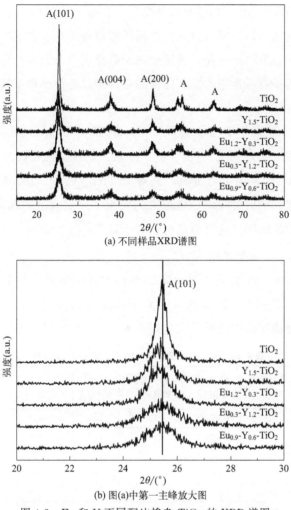

(a) 不同样品XRD谱图

(b) 图(a)中第一主峰放大图

图 4-2　Eu 和 Y 不同配比掺杂 TiO₂ 的 XRD 谱图

置。在焙烧温度为 550℃时，XRD 谱图中仍有金红石型 TiO₂ 的特征衍射峰，在温度为 500℃和 450℃时，金红石相的特征峰完全消失。说明在此条件下，锐钛矿相向金红石相发生转变的起始温度为 550℃。从图中也可明显看出，随着焙烧温度的逐渐升高，锐钛矿型 TiO₂（101）晶面对应衍射峰的半高宽逐渐变小，说明随着焙烧温度的升高，产物的结晶性越来越好。

如图 4-2(a) 所示，500℃焙烧产物在不同 Eu、Y 配比下，共掺杂样品均为单一锐钛矿型 TiO₂，谱图中在 25.32°、37.74°和 48.08°处出现的衍射峰分别对应锐钛矿 TiO₂ 的（101）、（004）和（200）晶面（JCPDS 卡片♯89-4921）。纯 TiO₂ 和 Y 单掺杂 TiO₂（101）晶面对应衍射峰的半高宽相对较小，而其他

Eu 和 Y 共掺杂样品的衍射峰明显发生宽化，而且，随着掺杂 Y 相对掺杂量增加，衍射峰宽化越明显。根据谢乐公式同样可以得出共掺杂具有细化 TiO_2 晶粒作用的结论。与单掺杂一样，谱图中并没有出现掺杂元素对应的衍射峰，说明引入的稀土离子有可能进入二氧化钛晶格，抑或是由于掺杂量太少没有被检测到而没有衍射峰。

Eu^{3+} 和 Y^{3+} 的离子半径分别为 0.095nm 和 0.088nm，较之于 Ti^{4+}（半径 0.068nm）更大，理论上讲替代 Ti^{4+} 进入二氧化钛晶格较难，但从样品第一主峰放大图 4-2（b）中可以看出，共掺杂 TiO_2（101）晶面的衍射峰都向左移动了一定角度，即衍射峰向小角度方向发生了一定角度的偏移，说明 TiO_2 晶胞有不同程度的膨胀，这可能是由于有少量 Eu 和 Y 离子进入了 TiO_2 晶格内，从而导致 TiO_2 晶胞膨胀[121,122]。

同时根据 Scherrer 方程可知，谱图中衍射峰的半峰宽增加，相应地，晶粒尺寸减小，说明引入一定量的掺杂离子均能起到抑制 TiO_2 晶粒长大的作用。由上述原理估算的样品晶粒大小列于表 4-1。

表 4-1　不同元素掺杂 TiO_2 样品的晶体学参数

样品	平均粒径 /nm	(101)面 d 值/Å	(101)面 FWHM/(°)	(101)面 尺寸/Å	a/Å	c/Å	晶胞体积 V/Å³
TiO_2	26	3.5031	0.401	209	3.77676	9.48211	135.25
$Eu_{1.5}$-TiO_2	14	3.4979	0.467	146	3.78106	9.48489	135.60
$Eu_{1.2}$-$Y_{0.3}$-TiO_2	11	3.4743	0.584	136	3.78311	9.48720	135.78
$Eu_{0.9}$-$Y_{0.6}$-TiO_2	11	3.4765	0.579	105	3.77901	9.48539	135.46
$Eu_{0.3}$-$Y_{1.2}$-TiO_2	12	3.4669	0.604	121	3.78108	9.46941	135.38

表 4-1 中的数据是根据 XRD 谱图，使用 Jade5.0 拟合得出的未掺杂与共掺杂 TiO_2 晶体学数据，由上述各晶体学数据看出，与稀土元素 Eu 和稀土元素 Y 单独掺杂样品相比，无论从催化剂颗粒的平均粒径还是晶胞参数 a、c 的值来看，单掺杂和共掺杂的影响之间并无显著差异。

据式(4-1)所示布拉格方程可求得不同催化剂（101）面的晶面间距 d 值

$$2d\sin\theta = n\lambda \tag{4-1}$$

式中　d——晶面间距；

θ——入射 X 射线相应晶面的夹角；

n——衍射级数；

λ——X 射线的波长。

由 d 值的变化可知，掺杂催化剂的 d 值均不同程度变小，而 d 值的变化就代表晶面间距的变化，充分说明二氧化钛晶体中各原子的位置发生了变化，进而其中的化学键也就变了。一般而言，在晶系相同的晶体结构中，低指数晶面的晶面间距较大，高指数晶面的晶面间距较小，而晶面间距最大的面总是原子最密排列的晶面。在 TiO_2 晶体中，（101）面为低指数晶面，因此该面是原子排列最密的晶面。由表 4-1 中的 d 值数据可知，纯 TiO_2 中（101）面 $d = 3.5031Å$，单掺杂 Eu 后，d 值减小，$Eu_{1.5}\text{-}TiO_2$ 光催化剂中（101）面 $d = 3.4979Å$，在 Eu 和 Y 不同比例共掺杂的 3 个样品中，（101）晶面的 d 值减小更多，其中 $Eu_{0.9}\text{-}Y_{0.6}\text{-}TiO_2$ 光催化剂中（101）面 $d = 3.4765Å$，是所有样品中相对纯二氧化钛 d 值变化最大的，说明该样品中原子排列最为紧密的（101）晶面中的原子位置发生了较大的变化。

表中数据还显示，TiO_2(101) 晶面的半高宽值随着 Y 掺杂量的增加而增大，根据谢乐公式估算，半峰宽值越大，颗粒半径越小，这与样品晶粒尺寸的变化规律相一致。晶胞参数值 a、c 的变化中，基本呈现的是 a 值变大、c 值变小的规律，由于晶体生长的各向异性又决定了这种变化并没有统一的线性关系。从晶胞体积上来看，共掺杂仍然会使二氧化钛晶胞体积发生不同程度的膨胀，这也为稀土离子进入二氧化钛晶胞提供了佐证。

4.3.2　Eu-Y 共掺杂二氧化钛的微观结构分析

Eu-Y 共掺杂 TiO_2 样品的微观结构及结晶化状态通过 TEM 进行了观察和分析，图 4-3(a)～(c) 所示为纯 TiO_2、Eu 单掺杂样品 $Eu_{0.5}\text{-}TiO_2$ 和 Eu-Y 共掺杂 TiO_2 样品 $Eu_{0.9}\text{-}Y_{0.6}\text{-}TiO_2$ 的 TEM 照片。

从图 4-3 中可以看出，几种二氧化钛光催化剂均是近似圆片状的纳米片层集合体，由于制样过程分散不好而出现较多颗粒的堆积和团聚，也看到有少量不规则形状的组成部分。从图 4-3(a) 看到纯 TiO_2 的形貌组成，粒子的平均粒径在 27nm，与通过 XRD 估算的结果较为一致，同时，也可看出，纯二氧化钛粒子间的团聚和不均匀也非常明显，这也会导致其催化性能降低。图 4-3(b) 为 Eu 单掺杂样品的 TEM 照片，可以看出粒子分布较为均匀和分散，颗粒组成形式较为统一，为近似圆形的片层结构，估算其粒径在 16nm 左右。图 4-3(c) 共掺杂样品形貌中，颗粒分布更加分散均匀，粒径 12nm 左右。颗粒粒径基本与 XRD 估算所得值相当。

(a) 纯TiO$_2$ (b) Eu$_{0.5}$-TiO$_2$

(c) Eu$_{0.9}$-Y$_{0.6}$-TiO$_2$

图 4-3 不同样品的 TEM 照片

从 TEM 结果来看，稀土单掺杂和共掺杂可以使颗粒粒径变小，分布均匀性和分散性更好，但这种对样品形貌的影响并不显著。仔细观察还可以看出，掺杂样品颗粒边缘更为清晰和明朗，说明掺杂样品绝大多数的晶面被暴露，更利于催化剂与污染物分子的接触，有利于其催化活性的增强和提高。

图 4-4 所示的是样品 Eu$_{0.9}$-Y$_{0.6}$-TiO$_2$ 的 EDS 能谱图。从图 4-4 可以看出，

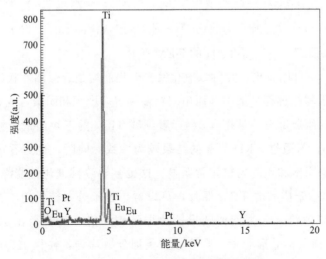

图 4-4 Eu$_{0.9}$-Y$_{0.6}$-TiO$_2$ 的 EDS 能谱图

样品中除了存在主要元素 Ti 和 O 之外，还有 Eu、Y 和 Pt 的信号，其中 Pt 的信号来源于传导镀层。结合 XRD 谱图、晶胞参数分析，证明掺杂的稀土元素极有可能掺杂进入了二氧化钛的结构当中。

4.3.3　Eu-Y 共掺杂二氧化钛光吸收性能研究

稀土 Eu 和 Y 共掺杂样品的紫外-可见吸收光谱图如图 4-5 所示，采用 Khan 法计算得吸收边带和带隙宽度数据，见表 4-2。

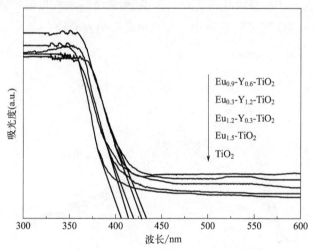

图 4-5　铕钇配比不同对 TiO_2 光吸收性能的影响

表 4-2　铕钇配比不同掺杂 TiO_2 的吸收带边及禁带宽度

样品名	λ/nm	E_g/eV
TiO_2	405	3.06
$Eu_{1.5}$-TiO_2	415	2.98
$Eu_{1.2}$-$Y_{0.3}$-TiO_2	420	2.95
$Eu_{0.3}$-$Y_{1.2}$-TiO_2	427	2.90
$Eu_{0.9}$-$Y_{0.6}$-TiO_2	434	2.86

由图 4-5 可以看出，Eu 和 Y 的共掺杂对于二氧化钛在可见和紫外光区的光吸收性能影响并不明显，只是共掺杂样品的吸收带边发生了不同程度的红移，共掺杂样品中，当 Eu 和 Y 的比例为 3∶2 时，光吸收边带红移程度最大，较之于纯 TiO_2 带边波长向长波方向移动了 29nm，相应地，该样品的带隙能降低最多。共掺杂样品较之于 Eu 或 Y 单独掺杂样品，在光吸收能力及带隙能降低方面几乎没有变化。Eu 单掺杂样品中，吸收带边波长红移最大的是

$Eu_{1.0}$-TiO_2，其吸收带边波长为 433nm，禁带宽度为 2.86eV。Y 单掺杂样品中，吸收带边波长红移最大的是 $Y_{1.5}$-TiO_2，其吸收带边波长为 416nm，禁带宽度为 2.98eV。对比发现，这些数据基本相等，这也充分说明通过改变这两种掺杂离子的相对比例并不能够改善二氧化钛的光吸收能力。

4.3.4 Eu 和 Y 配比不同对二氧化钛荧光性能的影响

图 4-6 为铕钇共掺杂样品的荧光光谱图，由图可知，Y 单掺杂及 Eu-Y 共掺杂 TiO_2 样品的 PL 谱图与纯 TiO_2 的 PL 光谱峰形非常相似，只是在荧光强度上存在一定差异，在 PL 谱图中也没有出现新的发光峰。

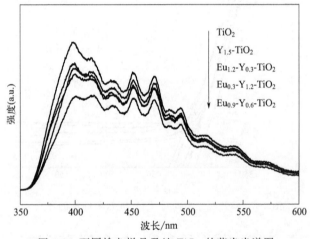

图 4-6　不同掺杂样品及纯 TiO_2 的荧光光谱图

众所周知，稀土 Eu^{3+} 和 Y^{3+} 都是非常出色和重要的发光物质，都具有较好的发光性能。而在实验制备的共掺杂样品的 PL 谱图中，与纯二氧化钛的 PL 谱比较，并没有出现新的发光现象，也可以说明掺杂引入的铕和钇并不是以氧化物的形式存在，最可能的形式就是进入 TiO_2 晶格替代 Ti 的位置，这一现象也为掺杂的稀土元素进入到 TiO_2 晶格当中提供了间接证据。

Eu-Y 共掺杂 TiO_2 及 Y 单掺杂 TiO_2 样品的荧光强度均比纯 TiO_2 强度低，当掺杂的 Eu 被部分 Y 所取代后，其荧光强度也会降低。荧光强度从大到小的顺序依次是：纯 TiO_2＞Y-TiO_2＞Eu-Y-TiO_2，当掺杂的 Eu 和 Y 的摩尔比为 3∶2 时，样品的荧光强度最低。这一现象说明，稀土掺杂确实可以起到降低电子-空穴复合的概率，提高载流子寿命的作用。这也与后续的光催化实验结果相一致。

4.3.5　Eu 和 Y 配比对共掺杂二氧化钛成键情况的影响

在各种物质的分子中，组成化学键或官能团的原子都处于不断振动的状态之中，而其振动的频率与红外光的振动频率相当。所以当用红外光照射该类分子时，分子中的化学键或官能团可发生振动吸收，不同的化学键或官能团吸收频率不同，在红外光谱上将处于不同位置，可获得分子中含有何种化学键或官能团的信息。掺杂样品在 $4000 \sim 500 \mathrm{cm}^{-1}$ 波数范围内的红外光谱图如图 4-7 所示。

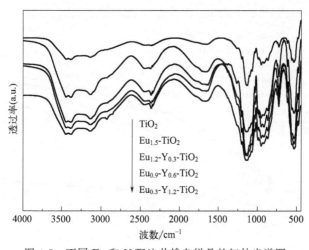

图 4-7　不同 Eu 和 Y 配比共掺杂样品的红外光谱图

图 4-7 所示样品的红外光谱图表达了样品中各基团和键的振动存在情况。其中在 $450 \sim 800 \mathrm{cm}^{-1}$ 波数范围的吸收带，对应于锐钛矿相 TiO_2 中 Ti—O 键的伸缩振动和弯曲振动；在 $1385 \mathrm{cm}^{-1}$ 和 $1554 \mathrm{cm}^{-1}$ 处出现的吸收峰，分别与羧基的对称振动和非对称振动相对应。TiO_2 中的 Ti—RE 键和锐钛矿表面活性羟基的吸收峰出现在 $1500 \mathrm{cm}^{-1}$ 和 $3500 \mathrm{cm}^{-1}$ 处。掺杂样品的吸收峰，特别是活性羟基的吸收峰明显增强，共掺杂样品活性羟基的吸收峰增强更为显著，说明表面的活性羟基自由基更加丰富。

4.4　光催化降解亚甲基蓝性能分析

光催化降解亚甲基蓝的过程主要包括吸附、光解和氧化三个阶段，吸附-

脱附平衡后，以一定时间内，亚甲基蓝的降解率为产物性能的评价指标，通过跟踪评价一定时间间隔下亚甲基蓝浓度变化过程，检测催化过程的进行。

4.4.1 紫外光下铕钇配比对二氧化钛催化降解亚甲基蓝的影响

图 4-8 是不同量 Eu-Y 共掺杂样品在 15W 紫外灯下降解亚甲基蓝的降解率曲线对比图，计算亚甲基蓝降解率时选取 665nm 处对应的吸光度值进行计算。图 4-9 是不同样品在 300W 氙灯作为可见光源下降解亚甲基蓝的降解率曲线图。

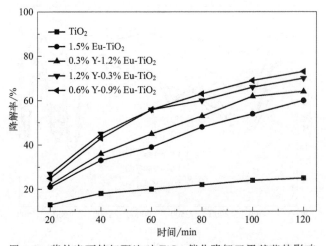

图 4-8　紫外光下铕钇配比对 TiO_2 催化降解亚甲基蓝的影响

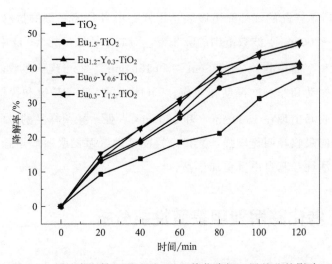

图 4-9　可见光下铕钇配比对 TiO_2 催化降解亚甲基蓝的影响

由图 4-8 可以清晰地看出，Eu 单独掺杂和不同量 Eu-Y 共掺杂样品都可以不同程度提高二氧化钛对亚甲基蓝的降解效率。初始阶段共掺杂样品中随着 Y 掺杂量的不断增加，样品的降解率迅速提高，但当 Y 的掺杂量继续增大到 0.9% 时，降解率又有所降低，这与前面得出的 Y 对二氧化钛降解率提高作用很小的结论一致。当两种稀土元素共掺杂样品中 Eu 和 Y 的比例为 3∶2 时，产物对亚甲基蓝的降解效果最好，120min 时降解率为 73%，所以共掺杂时 Eu 和 Y 的最佳掺杂比例为 3∶2。这可能是由于掺杂离子存在最佳浓度值的结果，最佳掺杂离子的浓度值与空间电荷区域有关，只有当空间电荷层厚度与光的穿透深度相等时，电子和空穴对才可以实现有效分离。

4.4.2　可见光下铕钇配比对二氧化钛催化降解亚甲基蓝的影响

从图 4-9 所示结果看出，Eu 单掺杂及 Eu-Y 共掺杂都会提高 TiO_2 的可见光催化活性，同时看出纯 TiO_2 在可见光下也表现出了一定的光催化活性，由紫外-可见吸收光谱数据可知，实验所得纯二氧化钛的吸收带边在 405nm 处，而非纯 TiO_2 标准值的 398nm，纯 TiO_2 吸收边的红移可能是样品存在某种缺陷结构，如氧空位等，也可能存在少量其他杂质离子的掺杂，这些与工艺参数或煅烧过程有关系。共掺杂样品在可见光下对亚甲基蓝的催化活性略大于 Eu 单独掺杂样品的效果，改变 Eu 和 Y 的相对含量对于产物可见光降解率影响很小，当 Eu 的掺杂量在 1.0% 以下时，对亚甲基蓝的降解率在 47% 左右。

4.5　本章小结

实验制备了两种稀土元素 Eu 和 Y 共掺杂的 TiO_2 光催化剂，通过调节催化剂中两种元素的相对含量，考察各自组分对于 TiO_2 光催化剂的相组成及结构形貌、电子结构行为和基团组成情况，并进行了不同光源下的光催化性能测试，得出以下结论：

① 500℃ 焙烧所得 3 种不同 Eu、Y 配比共掺杂 TiO_2 样品均为锐钛矿型，而 550℃ 及 600℃ 焙烧产物中均有金红石相 TiO_2 存在。

② 共掺杂 TiO_2(101) 晶面的衍射峰都向小角度方向发生了一定角度的偏移，说明 TiO_2 的晶胞有不同程度的膨胀，预示有少量 Eu 和 Y 离子进入了 TiO_2 晶格内。Eu 和 Y 共掺杂使 TiO_2 的晶粒得到了明显细化，TEM 结果显

示共掺杂 TiO_2 的晶粒大小在 12nm 左右。

③ 紫外-可见吸收光谱显示共掺杂样品中，当 Eu 和 Y 的比例为 3：2 时，光吸收边带红移程度最大，较之于纯 TiO_2 带边波长红移 29nm，相应地，带隙能降低 0.2eV。Eu-Y 共掺杂 TiO_2 的荧光强度均比纯 TiO_2 强度低，当掺杂的 Y 被 Eu 部分取代后，其荧光强度也会降低。荧光强度从大到小的顺序依次是：纯 $TiO_2 ＞ Y-TiO_2 ＞ Eu-Y-TiO_2$，当掺杂的 Eu 和 Y 的摩尔比为 3：2 时，样品的荧光强度最低。

④ 紫外和可见光下降解亚甲基蓝的实验均表明，共掺杂可提高二氧化钛的光催化活性，其中效果最好的样品在紫外光和可见光下对亚甲基蓝的降解率分别为 73％和 47％。

第5章
RE-B共掺杂二氧化钛纳米材料的制备与性能

5.1 引言

稀土离子半径较大及其独特的 4f 电子结构，决定了其掺杂对于二氧化钛晶格畸变、粒径大小及光吸收边带改变的作用，从而影响 TiO_2 内部电子-空穴的复合速率，进而改善其光催化性能[123]，但通过稀土掺杂，仍存在可见光利用率低、可见光下降解效率低的缺陷。周期表中与 O 位置相近的 B 元素具有半径小、化学性质相对活泼的优点，同时 B 的 2p 轨道还可以与 O 的 2p 轨道杂化形成混合价带，理论上讲可以实现对 TiO_2 的有效掺杂，从而起到调控 TiO_2 的禁带宽度的作用。

利用稀土元素和与 O 半径相似的非金属元素共同掺杂来改善 TiO_2 的光催化活性，是基于稀土与非金属在掺杂改性二氧化钛时具有不同作用的考虑，利用二者共掺杂时发挥金属-非金属掺杂的协同效应，起到既降低带隙能又扩大光响应范围的作用，同时起到对于光催化剂表面氧空缺的影响，从动力学上提高 TiO_2 的光催化效率[124]。硼元素具有较强的电负性，最外层有三个电子，在 TiO_2 中掺杂硼元素时，为了使电子配对，硼元素把半导体中的电子向自身吸引，结果导致电子云偏向 B，相当于在 TiO_2 半导体中引入了"空穴"，使 TiO_2 成为 P 型半导体。

前面的研究内容表明，不同种类稀土元素的掺杂均能在催化剂的晶粒、光吸收及催化降解有机污染物方面提高二氧化钛光催化剂的性能，但同时也发现，单独使用稀土元素或某两种稀土元素掺杂的催化剂，其可见光下降解亚甲基蓝的效果仍不理想，同时，整体紫外光下光催化降解率也不够高，光降解率仍有很大的提高空间。

本章在前面选择出的效果较好且价格低廉的轻稀土元素 La 和 Ce 掺杂的基础之上，进一步引入非金属元素 B 进行共掺杂，以期进一步提高二氧化钛各方面的指标，从而最终提高其光催化活性，同时阐明稀土元素的掺杂在二氧化钛光催化过程中的作用。为了更全面地考察所得催化剂的性能，本章结合催化剂紫外-可见吸收光谱所得的结果，有针对性地选择紫外光和可见光两种光源进行光催化实验，以便更全面地评价催化剂的催化性能。

5.2 RE-B 共掺杂二氧化钛光催化剂的设计合成

将钛酸四丁酯与溶剂无水乙醇及水解抑制剂冰醋酸按一定比例混合，此混合液标记为Ⅰ；掺杂的稀土以硝酸盐溶液形式添加，硼（硼酸）以水溶液形式添加。具体操作时将一定体积稀土硝酸盐溶液、硼酸水溶液及无水乙醇混合，此液标记为Ⅱ。二者混合完毕后，在激烈搅拌的条件下，将Ⅱ液置分液漏斗中缓慢、逐滴加入到Ⅰ液中，二者充分混合后继续搅拌 1h，将此溶胶置 80℃水浴中陈化 1h 得无色透明凝胶，将此凝胶置 80℃恒温干燥箱烘干后，再置马弗炉中在 500℃下焙烧得稀土-B 共掺杂 TiO_2 粉末样品，充分研磨后密封保存。在原料的具体数量控制上，采取 La 与 Ti 的摩尔百分比为 1.5%、Ce 与 Ti 的摩尔百分比为 0.3%、B 与 Ti 的摩尔百分比为 20%，其余钛源、乙醇及水解抑制剂冰醋酸按体积比 $V_{钛酸丁酯} : V_{无水乙醇} : V_{冰醋酸} = 17:80:15$。掺杂稀土 La 和 Ce 均采用 0.1mol/L 硝酸盐溶液进行，B 的掺杂是将 H_3BO_3 固体称取一定质量后加入水中形成溶液的方式加入，为了对比实验，同时制备了纯 TiO_2 和 La、Ce 单掺杂二氧化钛样品。所得稀土单掺杂及 RE 与 B 共掺杂样品分别记为：TiO_2、$La_{1.5}$-TiO_2、$Ce_{0.3}$-TiO_2、$La_{1.5}$-B_{20}-TiO_2 和 $Ce_{0.3}$-B_{20}-TiO_2。

5.3 稀土-硼元素共掺杂对二氧化钛材料结构的影响

5.3.1 RE-B 共掺杂对二氧化钛晶体结构的影响

实验所得稀土单掺杂及 RE-B 共掺杂样品，采用 4°/min 的扫描速度在 10°～70°范围进行 XRD 测定，结果如图 5-1 所示。

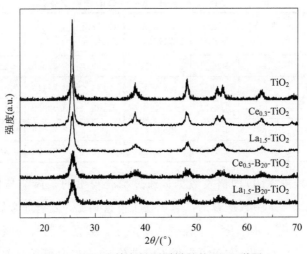

图 5-1　RE-B 掺杂量不同样品的 XRD 谱图

据检测结果看出，本研究中所制备的样品均出现了对应于锐钛矿型 TiO_2 (101)、(112)、(200)、(105) 和 (204) 晶面的特征衍射峰，充分说明所制样品均为锐钛矿型 TiO_2 晶体，且从衍射峰的峰形来看，所有样品，特别是纯 TiO_2 和稀土单 La、Ce 掺杂的 TiO_2 样品，衍射峰的峰形体现为明锐的尖峰，而衍射峰愈是尖锐，半高宽愈小，说明样品的结晶度愈高。在稀土单掺杂及稀土-B 共掺杂样品的谱图中，并没有发现掺杂元素 La、Ce 或 B 的化合物相的特征衍射峰，对比样品衍射谱图的第一主峰，也即 2θ 角在 25.3°附近的衍射峰，可见从纯 TiO_2 到稀土单掺杂 TiO_2 再到稀土与 B 共掺杂 TiO_2，掺杂使衍射峰的峰形逐渐发生宽化现象（β 增大），且衍射峰的相对强度减弱。

由上述 XRD 衍射峰半高宽的变化，结合晶格畸变公式可以推算，单掺杂或共掺杂均使 TiO_2 的晶格发生了畸变，特别是其中的 RE-B 共掺杂样品，β 的增加幅度明显高于稀土 La 和 Ce 单独掺杂的 TiO_2，表明 RE-B 的共掺杂使 TiO_2 晶格在稀土单掺杂的基础上发生了更大程度的畸变。同时，由于 B 的离子半径（88pm）远小于 O 的离子半径（140pm），B 离子很容易掺入 TiO_2 晶格内部，以取代的方式占据 O 离子的晶格位置，导致掺杂纳米 TiO_2 晶格发生更大畸变，进而使 TiO_2 纳米颗粒各衍射峰明显宽化，衍射强度降低。同时，根据 Scherrer 方程可知，谱图中衍射峰的半峰宽增加，相应地，晶粒尺寸减小，说明引入一定量的掺杂离子均能起到抑制 TiO_2 晶粒长大的作用。由上述原理估算的样品晶粒大小列于表 5-1。

表 5-1　不同元素掺杂 TiO$_2$ 样品的晶体学参数

样品	平均粒径/nm	(101)面 d/Å	(101)面 FWHM/(°)	(101)面尺寸/Å	a/Å	c/Å	晶胞体积 V/Å^3
TiO$_2$	26	3.5031	0.401	209	3.77676	9.48211	135.25
Ce$_{0.3}$-TiO$_2$	17	3.4957	0.473	134	3.78418	9.46647	135.56
La$_{1.5}$-TiO$_2$	10	3.4875	0.494	138	3.78320	9.47562	135.62
Ce$_{0.3}$-B$_{20}$-TiO$_2$	8	3.4794	0.657	95	3.77819	9.47969	135.32
La$_{1.5}$-B$_{20}$-TiO$_2$	7	3.4579	0.631	118	3.78088	9.46495	135.3

　　表 5-1 是根据 XRD 图谱及数据，通过拟合得出的未掺杂与掺杂 TiO$_2$ 晶体学数据，由表 5-1 中数据看出，与单稀土掺杂相比，随着非金属 B 的掺杂引入，样品的粒径进一步细化，半径进一步减小，数据表明粒径减小到了 10nm 以下。据式(5-1)布拉格方程可求得不同催化剂（101）面的晶面间距 d 值。

$$2d\sin\theta = n\lambda \tag{5-1}$$

式中　d——晶面间距；

　　　　θ——入射 X 射线相应晶面的夹角；

　　　　n——衍射级数；

　　　　λ——X 射线的波长。

　　由 d 值可知，掺杂催化剂的 d 值均变小，晶面间距的变化，说明原子位置发生了变化，化学键也就变了。一般在晶系相同的晶体结构中，低指数面的晶面间距较大，高指数面的晶面间距较小，而晶面间距最大的面总是原子最密排列的晶面。在 TiO$_2$ 晶体中，（101）面为低指数晶面，因此该面是原子排列最密的晶面。由表 5-1 中的 d 值数据可知，纯 TiO$_2$ 中（101）面的 d 值为 3.5031Å，掺杂 La 和 Ce 后，d 值减小，Ce$_{0.3}$-TiO$_2$ 光催化剂中（101）面的 d 值为 3.4957Å，La$_{1.5}$-TiO$_2$ 光催化剂中（101）面的 d 值为 3.4875Å。在此基础上，B 共掺杂之后，（101）晶面的 d 值进一步减小，Ce$_{0.3}$-B$_{20}$-TiO$_2$ 光催化剂中（101）面的 d 值为 3.4794Å，La$_{1.5}$-B$_{20}$-TiO$_2$ 光催化剂中（101）面的 d 值为 3.4579Å。其中，d 值改变最大的是 La$_{1.5}$-B$_{20}$-TiO$_2$，说明 La 和 B 的共掺杂使二氧化钛中原子排列最密的（101）晶面中的原子位置发生了较大的变化。

　　晶胞参数值变化情况是 a 值变大而 c 值变小，但变化的幅度及趋势均无明显的规律，这同样是由于晶体生长的各向异性决定的。从晶胞体积上来看，RE-B 的共掺杂仍然会使二氧化钛晶胞体积发生不同程度的膨胀。值得注意的是，共掺杂样品的晶胞体积小于稀土单掺杂样品的晶胞体积，Ce$_{0.3}$-B$_{20}$-TiO$_2$

的晶胞体积为 135.32Å^3，而 $La_{1.5}\text{-}B_{20}\text{-}TiO_2$ 的晶胞体积为 135.3Å^3，共掺杂样品的晶胞体积仅略微大于纯二氧化钛的体积。通过数据对比分析，这也再次证明稀土元素和 B 确实参与了二氧化钛晶胞的组成。

5.3.2　RE-B-TiO$_2$ 在场发射扫描电子显微镜下的形貌观察研究

图 5-2(a)～(d) 为 RE-B-TiO$_2$ 在场发射扫描电镜下观察所得 SEM 图，图 5-2(a) 是 $La_{1.5}\text{-}B_{20}\text{-}TiO_2$ 低倍放大时样品的表面形貌图，图 5-2(b) 是 $La_{1.5}\text{-}B_{20}\text{-}TiO_2$ 高倍放大时样品的表面形貌图；图 5-2(c) 是 $Ce_{0.3}\text{-}B_{20}\text{-}TiO_2$ 低倍放大时样品的表面形貌图，图 5-2(d) 是 $Ce_{0.3}\text{-}B_{20}\text{-}TiO_2$ 高倍放大时样品的表面形貌图。

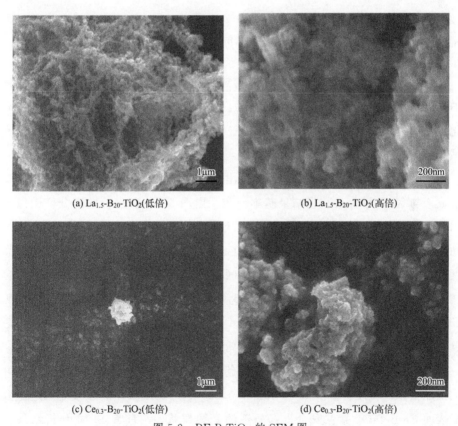

(a) La$_{1.5}$-B$_{20}$-TiO$_2$(低倍)　　　　　　　(b) La$_{1.5}$-B$_{20}$-TiO$_2$(高倍)

(c) Ce$_{0.3}$-B$_{20}$-TiO$_2$(低倍)　　　　　　　(d) Ce$_{0.3}$-B$_{20}$-TiO$_2$(高倍)

图 5-2　RE-B-TiO$_2$ 的 SEM 图

从图 5-2 可以看出，RE-B-TiO$_2$ 样品呈现的是圆球状颗粒结构，从低倍放大照片来看，$La_{1.5}\text{-}B_{20}\text{-}TiO_2$ 样品粒径较为均匀整齐，但团聚较严重。Ce$_{0.3}$-

B_{20}-TiO_2 样品结晶程度更好，且分布更加分散均匀。由图 5-2(a) 可知，均匀的颗粒产物通过海绵状的方式连接，整体呈现较为松散的大片状结构。

对比两种稀土元素与 B 共掺杂的样品的高倍放大图可知，$La_{1.5}$-B_{20}-TiO_2 样品的团聚较为明显，可分辨的单个颗粒结构直径在 50nm 左右，且整体片层在纵向方向上厚度较大，相比 La 单独掺杂样品，催化剂样品颗粒由片状向颗粒状形貌转变的趋势，这种形貌上的转变，必然会带来催化剂比表面积的扩大。因为片层状样品在相互之间堆积叠放所带来的表面积减小程度要远大于块状、球状样品。$Ce_{0.3}$-B_{20}-TiO_2 样品相对较为分散，形貌上也有向块状、颗粒状结构发展的趋势。所以，整体来看，第二种掺杂元素 B 的引入，对于二氧化钛形貌上的影响主要是限制了片层结构的生成，并且样品形貌向颗粒状发展。

5.3.3　RE-B-TiO_2 基于透射电子显微镜的结构研究

透射电镜（TEM），特别是高分辨透射电镜（HRTEM），是研究和观察纳米氧化物结构和表面形貌的有效方法。为此，对于 Ce 和 B 共掺杂纳米二氧化钛 $Ce_{0.3}$-B_{20}-TiO_2 的结构，通过 TEM 和 HRTEM 进行了进一步研究和测试，结果如图 5-3(a)～(e) 所示。

从样品的 TEM 图 5-3(a) 可以看出，样品主要由 12nm 左右的颗粒团聚组成，与 XRD 计算的粒径结果基本一致。由图 5-3(b)～(e) 的高分辨图像显示，样品的晶格条纹清晰可见，据此通过量取晶格条纹的宽度，可以识别、判断样品的不同晶面，同时清晰的条纹也表明样品结晶完好，具有良好的结晶度。图 5-3(b) 中测得两种宽度的条纹间距分别为 0.354nm 和 0.188nm，结合文献 [125]，对照卡片 PDF♯71-1166 可知，条纹间距 0.354nm，与锐钛矿 TiO_2 的（101）晶面标准间距 0.352nm 非常吻合，条纹间距 0.188nm，与锐钛矿 TiO_2 的（200）晶面标准间距 0.189nm 也非常吻合。

图 5-3(c) 是掺杂样品的二维晶格条纹，由图上的数据可以看出，两个方向上晶格条纹宽度分别为 0.354nm 和 0.355nm，两个数据非常接近，这组数据表明 Ce-B-TiO_2 晶粒发育良好呈现的是颗粒状，与前面 SEM 分析结果吻合。如图 5-3(d) 所示在颗粒中，除了有 TiO_2(101)晶面所对应的条纹宽度值 0.354nm 出现外，在颗粒的边缘和表层处，还出现了条纹间距为 0.191nm 的晶格，结合掺杂元素 Ce 分析，发现该条纹与卡片号 PDF♯81-0792 二氧化铈

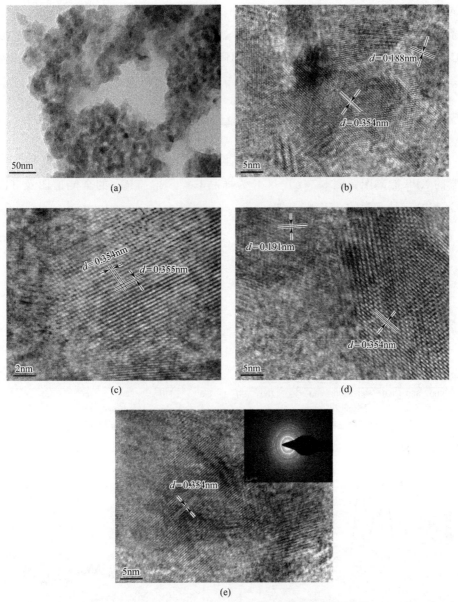

图 5-3　$Ce_{0.3}$-B_{20}-TiO_2 的 TEM 和 HRTEM 结构照片

（220）晶面的条纹宽度值 0.191nm 完全吻合，说明掺杂进入的 Ce 有部分是以 CeO_2 的形式存在于 TiO_2 颗粒表面。图 5-3(e) 中所示的衍射花样由多个同心衍射环组成，结合 XRD 结果分析，说明样品为多晶结构。

　　样品中不同颗粒放大的 HRTEM 照片中，均有 0.354nm 宽度的晶格条纹出现，说明该样品暴露的绝大多数都是（101）晶面，同时由宽度为 0.188nm

的晶格条纹值可知，样品也有少量的（200）晶面暴露。锐钛矿 TiO_2 的晶格条纹宽度值，较之于标准值 0.352nm 增大了 0.002nm，这是由于半径较大的 Ce 掺杂进入 TiO_2 晶格，使 TiO_2 晶面间距变大所致，这仍然与 XRD 分析结果相吻合。

5.3.4 RE-B-TiO$_2$ 表面元素及键结构分析研究

图 5-4(a)～(d)为样品 $La_{1.5}$-B_{20}-TiO_2 的全能谱图及 Ti、La 和 B 三种元素的 XPS 能谱图；图 5-5（a）～（d）为样品 $Ce_{0.3}$-B_{20}-TiO_2 的全能谱图及 Ti、Ce 和 B 三种元素的 XPS 能谱图。

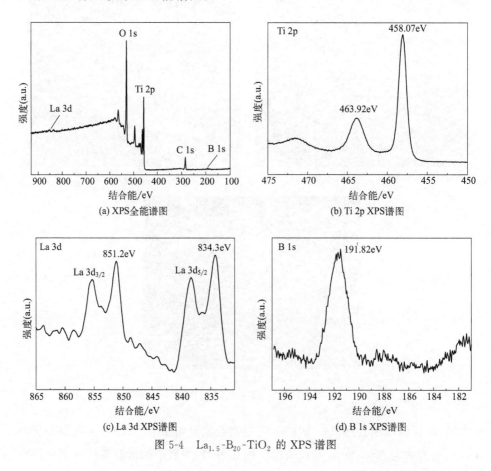

(a) XPS全能谱图

(b) Ti 2p XPS谱图

(c) La 3d XPS谱图

(d) B 1s XPS谱图

图 5-4　$La_{1.5}$-B_{20}-TiO_2 的 XPS 谱图

由图 5-4（a）可以看出，除了主要元素 Ti、O、C 的原子峰外，在 834.3eV 和 851.2eV 处还出现了一个很弱的 La 3d 峰，在 191eV 处出现了弱的 B 1s 峰，充分说明 La 和 B 原子有效进入了 TiO_2 中。其中 C 元素来自 X 射线光电子能谱仪本身的碳污染，由图 5-4(b) 可知，结合能位于 458.07eV 和 463.92eV 处的两个肩峰，是 Ti 2p 轨道自旋相互作用分裂而成的 2 个能态：Ti $2p_{1/2}$ 和 Ti $2p_{3/2}$，即 Ti 的＋4 价态引起的[126-128]；从图 5-4(c) 可知，样品表面 La 元素在 851.2eV 和 834.3eV 处的峰分别对应 La $3d_{3/2}$ 和 La $3d_{5/2}$ 的电子结合能，可以判断样品表面 La 元素主要以正三价的形式存在，结合 XRD 结果判断，产物中 La 元素部分是以 Ti-O-La 键的形式存在于 TiO_2 晶格当中。

图 5-4(d) 为 B 元素 1s 轨道的高分辨 XPS 图谱，结合能在 191.82eV 的峰，这是由 B 进入 TiO_2 晶格间隙与 TiO_2 形成固溶体，其化学态可归结于形成的 Ti—O—B 键[129]。根据 Ti 2p 和 La 3d 的结合能数据，利用元素灵敏度因子法计算得到纳米材料中 Ti/La 的原子浓度比为 1000∶11，所以 La 与 Ti 的比例为 1.1％（原子百分数），非常接近制备时的理论值 [1.0％（原子百分数）]，所以该法可以成功实现 La 的有效掺杂。同法可以计算出 B 与 Ti 的比例为 11.8％（原子百分数），与其理论投加量 20％（原子百分数）相差较大，可能是由于 XPS 仅为元素的表面分析手段而带来的偏差所致。

由图 5-5(a) 全能谱图中可以看出，该样品中除了主要元素 Ti 和 O 的原子峰外，在 902eV 和 884eV 处还出现了一个较为明显的 Ce 3d 峰，同时在 191eV 处也出现了较为弱的 B 1s 的峰，充分说明 Ce 和 B 原子对 TiO_2 实现了有效掺杂。全谱中观察到的 C 元素的峰仍是来自 X 射线光电子能谱仪本身的碳污染。图 5-5(b) 中，钛体现的是两个肩峰，分别位于结合能 463.77eV 和 458.02eV 处，这两个峰是 Ti 2p 轨道自旋-轨道相互作用分裂成的两个能态：Ti $2p_{1/2}$ 和 Ti $2p_{3/2}$，分别对应 Ti^{4+} 的 Ti $2p_{1/2}$ 和 Ti $2p_{3/2}$，由此可知钛元素主要是以 Ti^{4+} 的形式存在于共掺杂催化剂当中的。

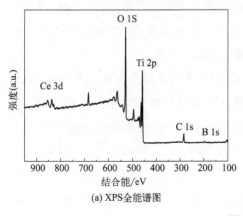

(a) XPS全能谱图

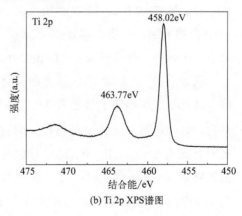

(b) Ti 2p XPS谱图

图 5-5

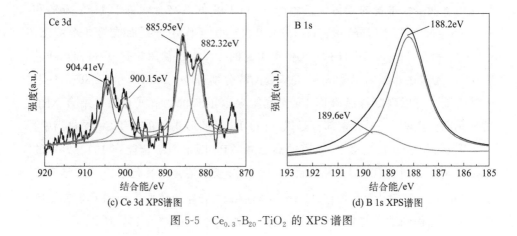

(c) Ce 3d XPS谱图   (d) B 1s XPS谱图

图 5-5 $Ce_{0.3}-B_{20}-TiO_2$ 的 XPS 谱图

与 $La_{1.5}-B_{20}-TiO_2$ 中的 Ti 2p 的结合能对比，发现在 $Ce_{0.3}-B_{20}-TiO_2$ 中，Ti 2p 的结合能有所减小，两个肩峰处的结合能分别由 458.07eV 和 463.92eV 减小到了 458.02eV 和 463.77eV，这主要是由于稀土元素 Ce 较之于 La 的特性：Ce 可变价态的影响[130]。后续 XPS 结果证明，催化剂中存在少量 Ce^{3+} 形式的铈，由于 Ce^{3+} 的还原性，体系中存在式(5-2) 所示的反应：

$$Ce^{3+} + Ti^{4+} \longrightarrow Ti^{3+} + Ce^{4+} \tag{5-2}$$

由于 3 价铈的还原性，使 TiO_2 晶格中的电荷不平衡，产生了少量 Ti^{3+}，使 Ti $2p_{3/2}$ 的结合能变小。

图 5-5(c) 所示是 $Ce_{0.3}-B_{20}-TiO_2$ 的 Ce 3d 图谱，图中显示 Ce 3d 轨道分裂为 Ce $3d_{3/2}$ 和 Ce $3d_{5/2}$。结合能在 904.41eV 和 885.95eV 的谱峰对应 Ce^{3+} 的 Ce $3d_{3/2}$ 和 Ce $3d_{5/2}$，结合能在 900.15eV 和 882.32eV 的谱峰对应 Ce^{4+} 的 Ce $3d_{3/2}$ 和 Ce $3d_{5/2}$，结果表明 $Ce_{0.3}-B_{20}-TiO_2$ 中 Ce^{3+} 和 Ce^{4+} 共存。结合 XRD 数据判断，产物中部分 Ce 元素是以 Ti—O—Ce 键的形式存在于 TiO_2 的晶格当中，另一部分形成 CeO_2 覆盖在 TiO_2 颗粒表面。

图 5-5(d) 为 B 元素 1s 轨道的高分辨 XPS 图谱，结合能在 189.6eV 的谱峰，其化学态可归属于 B 进入 TiO_2 晶格占据 O 的位置后形成 Ti—O—B 键的结构，结合能在 188.2eV 的谱峰，对应于化合物 TiB_2 的标准结合能[131]。这表明 B 元素在 $Ce_{0.3}-B_{20}-TiO_2$ 中是以两种状态存在：一部分 B 替代 TiO_2 中 O 的位置进入 TiO_2 的晶格，另一部分 B 与 Ti 形成 TiB_2。而在 XRD 中并没有出现 TiB_2 的特征衍射峰，这是由于 B 的掺入量小导致生成的 TiB_2 非常少而没有被检测到。

B 元素的掺杂进入 TiO_2 晶格中，由于 B^{3+}（27pm）的半径远小于 O^{2-}（140pm）的半径，所以 B 的掺杂进入可以有效减小 TiO_2 的晶胞体积，同时由于离子半径及电荷的不匹配，也必然会在共掺杂样品中导致更多的晶格畸变，这与前面 XRD 部分得出的结论完全一致。

5.3.5　RE-B-TiO_2 的光吸收性能分析

稀土单掺杂及与 B 共掺杂样品的紫外-可见吸收光谱图如图 5-6 所示，采用 Khan 法计算得吸收边带和带隙宽度数据，见表 5-2。

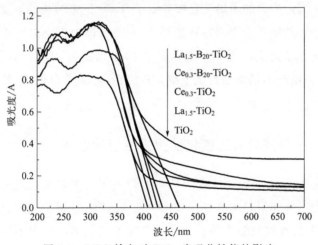

图 5-6　RE-B 掺杂对 TiO_2 光吸收性能的影响

表 5-2　不同样品的吸收边带和带隙宽度

样品名	λ/nm	E_g/eV
TiO_2	405	3.06
$Ce_{0.3}$-TiO_2	416	2.98
$La_{1.5}$-TiO_2	426	2.91
$Ce_{0.3}$-B_{20}-TiO_2	435	2.85
$La_{1.5}$-B_{20}-TiO_2	466	2.66

由图 5-6 可知，稀土元素 La 和 Ce 与 B 的共掺杂能够起到有效增加 TiO_2 吸收可见光的效果，掺杂后的 RE-TiO_2 和 RE-B-TiO_2 不论在紫外还是可见光区的吸收均有不同程度的增强，比较而言，$La_{1.5}$-B_{20}-TiO_2 在增强催化剂光吸收能力方面表现较为特殊，其余三种催化剂在紫外光区吸收增强的幅度都会明显高于可见光区的增幅，而 $La_{1.5}$-B_{20}-TiO_2 在整个测试范围内增强的幅度基本相当，可见光区的增幅甚至还会略胜一筹，且掺杂样品的吸收边带均发生了

红移，相应地，掺杂样品的带隙能均减小。共掺杂样品的吸收边带的变化，即红移的程度明显高于稀土单掺杂样品，进一步证明非金属元素的掺杂是提高 TiO_2 类光催化剂可见光利用率的有效手段。特别是 La 和 B 共掺杂的 TiO_2，其可见光的吸收明显增强，吸收边带红移最为显著，吸收边带由纯二氧化钛的 405nm 红移至 466nm，移动了 61nm，对应的带隙宽度降低了 0.4eV，理论上讲，可明显提高该样品对太阳光的利用率，改善其可见光催化活性。

La、Ce 的掺杂导致 TiO_2 的本征吸收边发生红移，主要是由于掺杂离子与 Ti 半径间较大差异而导致 TiO_2 晶格产生畸变，进而增加了光催化剂颗粒内部的应力，而内应力的增加又直接导致了 TiO_2 能带结构的改变，最终使其带隙宽度减小，能级间距变窄，在紫外-可见吸收谱中出现曲线边带发生红移的现象。在此基础之上，进一步引入第二掺杂元素 B 时，在 B 取代 O 进入 TiO_2 晶格时，由于 B 的电负性低于氧，B 的 2p 轨道与 O 的 2p 轨道易发生杂化，从而使掺杂 TiO_2 禁带宽度变窄[132]，发生边带红移。

5.3.6　RE-B 共掺杂对二氧化钛荧光性能的影响

物质的荧光光谱（PL）是由于其内部载流子的重新复合而引起的，所以可以作为研究半导体材料电子结构和光学性能的有效方法，并且能够由此获得光生电子-空穴的迁移及复合等信息[133]。故不难总结，对于半导体材料，其光生载流子复合的概率越高时，对应的荧光光谱中发光强度就越大。

图 5-7 为实验所得样品的荧光光谱图，由图可知，稀土单掺杂及稀土-B 共

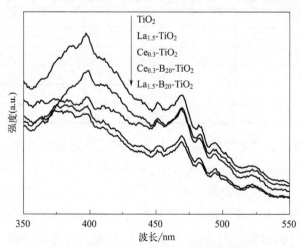

图 5-7　RE-B 共掺杂及纯 TiO_2 的荧光光谱

掺杂的样品都表现出与纯 TiO_2 相似的 PL 光谱，只是在荧光强度上有些差别。且 PL 谱图中并未出现新的发光峰，说明稀土或稀土-B 共掺杂在此测定条件下并没有引起新的发光现象。掺杂样品的荧光强度均比纯 TiO_2 强度低，而且发光强度依次顺序为 $TiO_2 > RE\text{-}TiO_2 > RE\text{-}B\text{-}TiO_2$，当掺杂稀土为 La 时，样品的荧光强度最低，类似文献报道中离子掺杂 TiO_2 发生的荧光猝灭现象[134]。说明镧与 B 的共掺杂可以有效降低光生电子-空穴的复合概率，从而提高光催化剂的活性。

5.3.7　光催化结果与分析

图 5-8 是不同样品在 15W 紫外灯下降解亚甲基蓝的降解率曲线图，选取亚甲基蓝在 664nm 处对应的吸光度值进行计算。图 5-9 是不同样品在 300W 氙灯为光源时降解亚甲基蓝的降解率曲线。

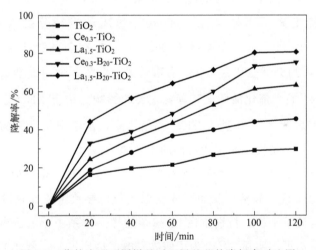

图 5-8　紫外光下不同样品对亚甲基蓝的降解率对比图

由图 5-8 和图 5-9 看出，稀土单掺杂及与 B 的共掺杂都显著提高了 TiO_2 可见和紫外光下的光催化性能，特别是随着光降解时间的延长，这种提高更加明显。在所有制得样品中，稀土-B 共掺杂样品效果优于稀土单掺杂样品，且 La 的改善作用大于 Ce。在 120min 内 $La_{1.5}\text{-}B_{20}\text{-}TiO_2$ 对亚甲基蓝的降解率达到了 80.67%，为同等条件下纯 TiO_2 降解率 29.8% 的近 3 倍。实验制备的纯 TiO_2 也表现了一定的可见光活性，结合前述 UV-Vis 结果可以看出，其吸收带边在 405nm，可能是样品存在缺陷结构，如氧空位等，也可能存在某种离

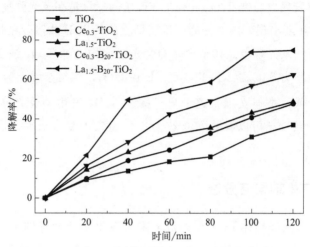

图 5-9 可见光下不同样品对亚甲基蓝的降解率对比图

子掺杂，这些与工艺参数或煅烧过程有关系。

掺杂的稀土离子半径（La^{3+} 和 Ce^{4+} 的离子半径分别为 0.116nm 和 0.102nm）大于 Ti^{4+}（离子半径 0.068nm），若掺杂的稀土离子能够进入 TiO_2 晶格中，则必然会引起 TiO_2 晶格较大的膨胀，而由此造成的晶格畸变程度又对 TiO_2 的光催化活性提高有着重要的影响。结合 XRD 分析，La^{3+} 和 Ce^{4+} 可能已经取代 Ti^{4+} 而进入 TiO_2 晶格当中，由于离子半径的差异而引起的较大晶格畸变，是提高光催化活性的主要原因。

由于掺杂离子 RE^{3+} 与钛离子半径的差异，部分 Ti^{4+} 也可能进入到灼烧形成的 La_2O_3 或 CeO_2 晶格中从而形成钛取代位，导致整体晶格畸变的同时又导致体系的电荷不平衡，特别是在 La 掺杂的样品体系中，由于离子价态的差异使电荷不平衡更加明显[135]，为了使体系电荷达到平衡，催化剂的表面必然会吸附部分 OH^-，这些吸附的 OH^- 与体系中在紫外光照射下产生的空穴结合形成·OH，而高活性的·OH 能与表面被吸附的有机物发生反应，从而既起到抑制光生电子-空穴重新复合的作用，又能够增强光催化降解有机物的能力。同时由于 La^{3+} 半径大于 Ce^{4+} 半径，La^{3+} 掺杂进入 TiO_2 晶格后会导致更大的晶格畸变，因而 La 的掺杂效果总体强于 Ce 的掺杂效果。引入第二掺杂元素 B 时，由于 B 的 2p 轨道可以和 O 的 2p 轨道形成混合价带而使禁带变窄，从而提高其可见光催化活性[136]。同时由于 B 的缺电子特征使 TiO_2 表面的路易斯酸性增强，因而表面吸附的 OH^- 数量也增多，而 OH^- 具有捕获光生空穴而转化为・OH 的能力，从而使 B 掺杂光催化剂的紫外、可见光催化活性均得到提高。

5.4　本章小结

实验制备了 La-B 和 Ce-B 共掺杂 TiO_2 光催化剂，通过对系列光催化剂组成结构形貌、电子结构行为和化学形态等基本性能的研究，结合在不同光源下的光催化实验，得出以下结论：

① 实验条件下所制 $La_{1.5}$-B_{20}-TiO_2 和 $Ce_{0.3}$-B_{20}-TiO_2 光催化剂均为锐钛矿型 TiO_2，共掺杂使 TiO_2 的晶胞体积明显膨胀，膨胀的程度与掺杂离子的半径有关，与稀土单掺杂 TiO_2 相比，共掺杂样品的晶胞体积又有所减小。

② 共掺杂使 TiO_2 的晶粒得到了明显细化，晶粒从未掺杂的 27nm 减小到 12nm。共掺杂样品的形貌也从片层状结构向颗粒状发展，且颗粒分布更加均匀。

③ 共掺杂可以增强 TiO_2 光催化剂的光吸收能力，且使得 TiO_2 吸收边带发生有效红移，移动最多的 $La_{1.5}$-B_{20}-TiO_2 由纯二氧化钛 405nm 的移动到了 466nm，对应的禁带宽度降低了 0.4eV。同时，通过荧光光谱直观表明，通过 RE 及 B 的共掺杂可有效降低光生电子-空穴的复合概率，提高催化活性。

④ 掺杂元素 La 和 Ce 及 B 都成功掺杂进入 TiO_2 中。$La_{1.5}$-B_{20}-TiO_2 中 B 替代晶格 O 进入 TiO_2，La 也是替代 Ti 进入 TiO_2 晶格导致其晶胞膨胀；$Ce_{0.3}$-B_{20}-TiO_2 中 B 以两种形式存在：部分替代晶格 O 进入 TiO_2，部分以 TiB_2 的形式存在，Ce 是以替代 Ti 进入 TiO_2 晶格和形成 CeO_2 覆盖在 TiO_2 表面两种形式存在，为＋3 和＋4 价共存的状态。

⑤ 紫外和可见光下降解亚甲基蓝的实验表明，共掺杂可提高二氧化钛的光催化活性，且共掺杂的降解效果均优于稀土单掺杂，在降解时间均为 120min 时，紫外光下 $La_{1.5}$-B_{20}-TiO_2 的降解率达到 80.67％，为纯 TiO_2 的 2.7 倍，$La_{1.5}$-TiO_2 的 1.3 倍；$Ce_{0.3}$-B_{20}-TiO_2 的降解率为 75.2％，为纯 TiO_2 的 2.5 倍，$Ce_{0.3}$-TiO_2 的 1.7 倍；可见光下，$La_{1.5}$-B_{20}-TiO_2 的降解率为 74.78％，为纯 TiO_2 的 2.0 倍，$La_{1.5}$-TiO_2 的 1.5 倍；$Ce_{0.3}$-B_{20}-TiO_2 的降解率为 62.42％，为纯 TiO_2 的 1.7 倍，$Ce_{0.3}$-TiO_2 的 1.3 倍；且催化剂在可见光下的降解率均略低于其在紫外光下的降解率。

第6章

La-F共掺杂二氧化钛纳米材料的制备与性能

6.1 引言

非金属元素 F 具有与 O 半径相似、电负性大的特点，具有增强 TiO_2 可见光活性的潜力，能够在不降低光催化性能的同时，使 TiO_2 具有可见光活性，因而受到广大研究人员的关注。陈秀琴[137] 在纯 Ti 表面通过原位生长一步制得 F 掺杂 TiO_2 纳米管阵列，采用 XPS 技术分析发现，少量 F 原子取代 TiO_2 晶粒中的氧以 F—Ti—O 键的形式掺杂进入了 TiO_2 纳米管，同时，F 的掺杂可导致 TiO_2 晶格中少量活性物种 Ti^{3+} 的产生。

结合前面章节的研究，稀土元素镧具有半径大、掺杂性能优越的特点，在 TiO_2 改性研究中表现出了其他元素不可比拟的优势，特别是在目前稀土元素中，镧相对过剩、其综合开发利用尚欠缺的情况下，积极探索研究，找到与镧可以优势互补、协同提高 TiO_2 的光催化活性的元素应用于光催化领域，具有非常重要的意义。

6.2 La-F 共掺杂二氧化钛光催化剂的制备

将氟化钠配制成 0.5mol/L 的溶液，硝酸镧配制成 0.1mol/L 的溶液备用。一定体积硝酸镧溶液和 17mL 钛酸四丁酯溶解在 100mL 无水乙醇中，室温搅拌下将硝酸镧和钛酸四丁酯的乙醇溶液滴加到氟化钠溶液中。滴加完毕后室温下电磁搅拌 12h，使钛酸四丁酯继续充分水解得到均匀的溶胶。再将溶胶在 100℃烘干 10h，蒸去水分和乙醇，得淡黄色凝胶，500℃下焙烧 2h 后得白色粉末状镧-氟共掺杂 TiO_2，其中硝酸镧和氟化钠溶液的体积按照与钛的摩尔比进行确定，最终样品标记为：La_x-F_y-TiO_2，x、y 分别代表镧和氟对钛的摩尔分数。

6.3　La-F 共掺杂对二氧化钛纳米材料结构的影响

6.3.1　La-F 共掺对二氧化钛晶体结构的影响

图 6-1 是 500℃下焙烧所得不同镧和氟掺杂量样品的 XRD 对比谱图。

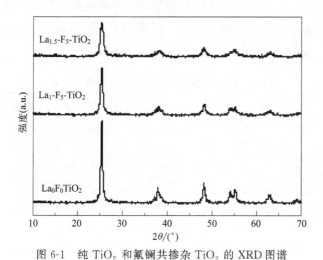

图 6-1　纯 TiO_2 和氟镧共掺杂 TiO_2 的 XRD 图谱

由图 6-1 可以看出，500℃下焙烧的纯 TiO_2 和氟-镧共掺的 TiO_2 粉末均由锐钛矿（Anatase）相 TiO_2 组成，La-F-TiO_2 衍射图上并没有出现镧或氟化合物的衍射峰，谱图中衍射峰峰形尖锐，说明样品的结晶性良好。掺杂使 TiO_2 的衍射峰出现了不同程度的宽化，特别是（101）晶面对应的衍射峰，这一方面表明稀土离子和氟的共掺杂扩大了 TiO_2 的晶胞体积，使稀土离子取代 Ti^{4+} 进入晶格成为可能，另一方面从掺杂氟和镧后 TiO_2 的衍射峰变宽变弱，根据 Scherrer 方程知衍射峰的半峰宽增加，晶粒尺寸相应减小，说明 La 和 F 共掺杂进一步抑制了 TiO_2 晶粒的生长。由谢乐公式计算得样品晶粒大小列于表 6-1 中。

不同离子的掺杂引入，对原晶体带来的晶格畸变，可以据公式来估算其晶格畸变程度的大小，La 和 F 的共掺杂使 TiO_2 的晶格发生了明显畸变。同时我们发现 La-F 共掺杂所导致样品 β 增加的幅度要小于 La-B 共掺杂所致。这是由于 B 与 O 的半径差要远大于 F 与 O 的半径差。我们知道，掺杂离子之间半径差异越大，导致的晶格畸变程度就会越大，本章所选共掺杂离子 F^-，其半径为 133pm，与 O^{2-} 半径 140pm 非常接近，所以 F 与 La 的共掺杂所引起的晶格畸变程度要更小一些。这一现象也为 La、F 掺杂进入 TiO_2 晶格提供了又一佐证。

从离子半径大小角度分析，以及通过与 La-B 共掺杂 TiO_2 的对比分析，在 La-F 共掺杂 TiO_2 的样品中，晶格畸变主要是由掺杂引入的 La 所导致。F 在掺杂进入 TiO_2 时，由于其与 O 半径及电负性的完美匹配，最有可能的进入方式就是顺利替代 O 的位置进入 TiO_2 晶格当中。根据谢乐公式估算的样品晶粒大小及 Jade 软件拟合所得样品晶胞参数的数据列于表 6-1。

表 6-1　La-F 共掺杂样品晶粒大小和晶胞参数

样品	平均粒径/nm	$a/\text{Å}$	$c/\text{Å}$	晶胞体积 $V/\text{Å}^3$
TiO_2	26	3.77676	9.48211	135.25
$La_{1.5}\text{-}F_0\text{-}TiO_2$	12	3.7832	9.47562	135.62
$La_{1.5}\text{-}F_5\text{-}TiO_2$	12	3.78288	9.51275	136.13
$La_{1.5}\text{-}F_{10}\text{-}TiO_2$	12	3.78099	9.45457	135.16
$La_1\text{-}F_5\text{-}TiO_2$	13	3.78295	9.47775	135.63
$La_2\text{-}F_5\text{-}TiO_2$	12	3.79012	9.44818	135.72

由表 6-1 看到，共掺杂样品的晶胞体积较之于纯 TiO_2 都有不同程度的增大，各个方向上晶胞参数值的变化情况仍是 a 值变大而 c 值变小，但其变化的幅度及趋势与离子掺杂量并无明显规律，这同样是由于晶体生长的各向异性决定的。在所制备的 La-F 共掺杂样品中，$La_{1.5}\text{-}F_5\text{-}TiO_2$ 的晶胞体积为 136.13Å^3，其体积膨胀增幅最大。理论上讲，$La_2\text{-}F_5\text{-}TiO_2$ 样品中 La 的量较之于 $La_{1.5}\text{-}F_5\text{-}TiO_2$ 中 La 的量应该是增加了，而根据我们前述推断，样品的晶胞体积变化主要是由 La 引起的，但 $La_2\text{-}F_5\text{-}TiO_2$ 样品的晶胞体积为 135.72Å^3，明显小于 $La_{1.5}\text{-}F_5\text{-}TiO_2$ 的晶胞体积，这一现象也说明了掺杂离子 La^{3+} 在进入二氧化钛引起晶格畸变时其进入的量是有限度的，引起的晶格畸变程度与掺杂离子的量并无直接的对应关系。

6.3.2　基于场发射扫描电子显微镜的微观形貌分析

场发射扫描电镜具备超高分辨扫描图像的观察能力，具备形貌及化学组分综合分析能力。为研究不同掺杂量 La-F-TiO$_2$ 样品的微观形貌及状态分布，选择典型样品，对其进行扫描电镜分析，其中的 SEM 照片如图 6-2(a)～(d)所示。

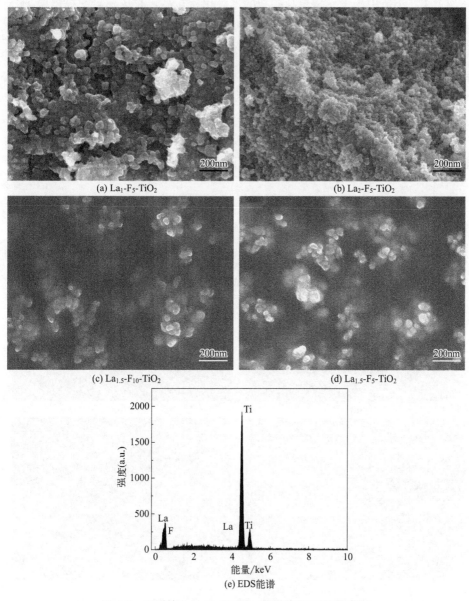

图 6-2　不同掺杂量 La-F-TiO$_2$ 的形貌和 EDS 能谱图

图 6-2（a）～（d）分别是 La_1-F_5-TiO_2、La_2-F_5-TiO_2、$La_{1.5}$-F_{10}-TiO_2 和 $La_{1.5}$-F_5-TiO_2 的扫描电镜照片，从共掺杂 TiO_2 的表面形貌图可以看出，镧与氟共掺杂二氧化钛均由细小的、近似球的颗粒组成，样品的表面形貌良好，晶化程度较高。组成样品的颗粒之间有明显的界线，颗粒分散性和均匀性较好。SEM 照片上可分辨的颗粒粒径为几十纳米。

4.3.2 小节中稀土元素单独掺杂的二氧化钛样品，在场发射扫描电镜下分析其形貌均为片层状结构，片层直径也是几十纳米左右，但片层在纵向厚度上非常小，与颗粒状样品相比较，片层结构可形成非常紧密的堆积方式，在整体结构中留出空隙和通道的可能性要远远小于颗粒状分布的样品。样品形貌上的变化，可能是由于在稀土掺杂的基础之上，F 在掺杂进入二氧化钛时引起晶胞生长环境变化所致。

6.3.3 透射电子显微镜下 La-F-TiO₂ 的微观形貌分析

采用 TEM 和 HRTEM 对 $La_{1.5}$-F_5-TiO_2 共掺杂纳米二氧化钛进行了进一步观察和研究，结果如图 6-3（a）～（d）所示。

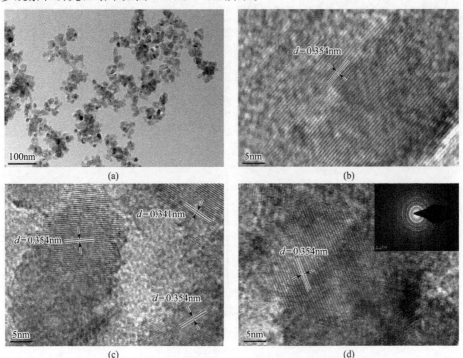

图 6-3　$La_{1.5}$-F_5-TiO_2 共掺杂纳米二氧化钛的 TEM 和 HRTEM 图

从图 6-3(a) 看出，样品由 12～14nm 的均匀颗粒组成，颗粒间分布分散、均匀，无明显团聚现象。粒径与 XRD 计算的粒径结果一致。图 6-3(b)～(d) 的高分辨图像显示，样品呈现出清晰的晶格条纹，通过 Digital Micrograph 量取晶格条纹的宽度值后，可以判断样品的不同晶面，同时清晰明朗的晶格条纹也表明共掺杂样品结晶完好。图 6-3(b) 呈现一组清晰的晶格条纹，宽度值为 0.354nm，与锐钛矿 TiO_2 的（101）晶面标准间距 0.352nm 非常吻合[138]。

图 6-3(c) 中主要呈现的仍是晶格条纹宽度值为 0.354nm 的锐钛矿（101）晶面，但在 TiO_2 颗粒表面，发现有条纹间距为 0.341nm 的清晰晶格，结合掺杂元素 La 分析，发现该条纹与卡片号 PDF♯73-2141 氧化镧（100）晶面的条纹宽度值 0.341nm 完全吻合，该晶面的存在说明掺杂元素 La 有一部分形成了 La_2O_3，以 La_2O_3 的形式存在于纳米 TiO_2 颗粒的表面。图 6-3(d) 中所示样品 TiO_2 的衍射花样由多个同心衍射环组成，结合 XRD 结果分析，说明样品为多晶结构。

样品中不同颗粒放大的 HRTEM 照片中，由 0.354nm 宽度的晶格条纹占主导，说明样品暴露的是（101）晶面。同时由样品（101）晶面的晶格条纹宽度值变大的现象，说明晶格中 TiO_2 的晶面间距有所增大，这是由于离子半径大的 La^{3+} 掺杂进入 TiO_2 晶格所致，这与前述 XRD 计算结果非常吻合。由于掺杂离子半径差异带来的晶格膨胀和畸变，也是该光催化剂催化活性提高的重要原因。

$La_{1.5}$-F_5-TiO_2 的形貌和其中各元素的分布如图 6-4 所示，从图中可以看出，样品中均匀分布有 La 和 F，进一步说明，$La_{1.5}$-F_5-TiO_2 中含有掺杂元素 La 和 F，且都均匀分布在样品中。

6.3.4　基于 X 射线光电子能谱的键结构分析

图 6-5(a)～(d) 为样品 $La_{1.5}$-F_5-TiO_2 的全能谱图及 Ti、La 及 F 三种元素的高分辨 XPS 能谱图。

由图 6-5(a) 可以看到，样品 $La_{1.5}$-F_5-TiO_2 中除含有主要元素 Ti 和 O 外，还存在掺杂元素 La 的 3d 峰及 F 的 1s 谱峰，说明掺杂元素已经成功进入二氧化钛中，全谱中 C 1s 的谱峰来源于测试仪器本身的碳污染。掺杂元素 La 的高分辨 XPS 能谱图如图 6-5(c) 所示，F 元素的高分辨 XPS 能谱图如图 6-5(d) 所示。

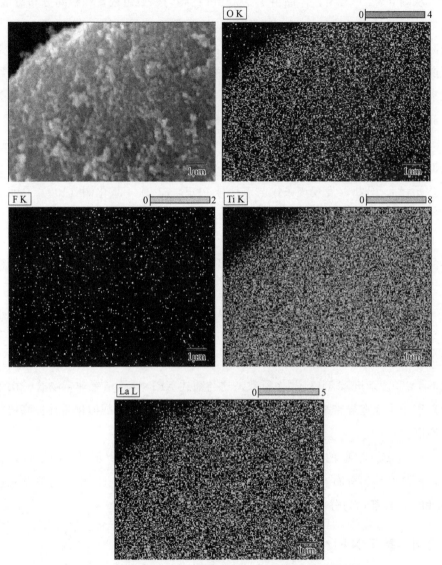

图 6-4 $La_{1.5}$-F_5-TiO_2 的形貌和元素分布的面扫描结果

图 6-5(b) 中，位于结合能 458.55eV 和 464.45eV 处的两个肩峰，是 Ti $2p$ 轨道自旋相互作用分裂而成的 2 个能态：Ti $2p_{1/2}$ 和 Ti $2p_{3/2}$，即 Ti 的 +4 价态引起的；与前面章节中的数据对比，La 单独掺杂的 TiO_2 样品，其 Ti $2p3/2$ 和 Ti $2p1/2$ 的结合能分别为 458.5eV 和 464.1eV，La 与 B 共掺杂的 TiO_2 样品中，其 Ti $2p3/2$ 和 Ti $2p1/2$ 的结合能分别为 458.07eV 和 463.92eV，La-F 共掺杂样品中 Ti $2p$ 的结合能均略大一些。主要是由于 F 相

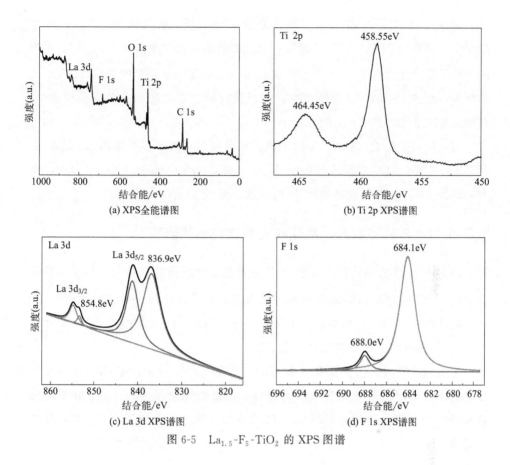

(a) XPS全能谱图

(b) Ti 2p XPS谱图

(c) La 3d XPS谱图

(d) F 1s XPS谱图

图 6-5　$La_{1.5}$-F_5-TiO_2 的 XPS 图谱

对于 B 和 O 的电负性较大，当 F 进入晶格与 Ti 成键后，轨道中的电子就会自发地从 Ti 原子向 F 原子转移，结果使得 Ti 周围的电子云密度减小，从而使其相应的结合能升高[139]。Ti 2p 结合能的升高也进一步证明氟掺杂到了 TiO_2 的晶格中。

图 6-5(c) 中，电子结合能在 836.9eV 和 854.8eV 处的谱峰，分别对应样品中 La 元素的 La $3d_{5/2}$ 和 La $3d_{3/2}$，同时通过软件分峰，可以看到两个峰旁边都有一个伴峰，这也是 La^{3+} 在 XPS 中典型的谱峰特征，可以判断样品表面 La 元素是以正三价的形式存在，结合 XRD 结果判断，特别是晶胞参数数据，可以确定产物中部分 La 元素是以 Ti—O—La 键的形式存在于 TiO_2 晶格当中。TEM 结果显示，在 TiO_2 表面存在有 La_2O_3 颗粒，结合样品的元素面扫描图片可以看出，样品中存在分布均匀的 La 元素。所以可以总结，样品中的 La 还有一部分是以 La_2O_3 的形式覆盖在 TiO_2 颗粒表面。

图 6-5(d) 为 F 元素 1s 轨道的高分辨 XPS 图谱,通过软件拟合,F 1s 精细谱中,结合能在 684.1eV 的谱峰,对应的是通过化学吸附在 TiO_2 颗粒表面的氟离子所产生[140,141]。结合能在 688.0eV 处的谱峰是典型的氟取代 TiO_2 的晶格氧,形成 F—Ti—O 键所产生;两种谱峰的存在,证明在共掺杂样品中,F 并没有完全进入到 TiO_2 的晶格中。

综上所述,结合 TEM、XPS 及面扫描分析结果可知,掺杂的 La 元素中,部分 La 是以 La_2O_3 的形式包裹于 TiO_2 表面,均匀分布于 TiO_2 基体中,而另一部分 La 掺杂进入晶格替代 Ti 的位置,形成 Ti—O—La 键。

6.3.5　La-F 共掺杂对二氧化钛光吸收性能的影响

以 $BaSO_4$ 作为参比样,紫外-可见分光光度计测量稀土掺杂二氧化钛样品在 190～800nm 范围内的紫外-可见吸收光谱,表征稀土掺杂对 TiO_2 光催化剂光吸收性能的影响,结果如图 6-6 所示。采用 Khan 方法求得纯 TiO_2 和掺杂 TiO_2 粉体的吸收边和带隙宽度见表 6-2。

由图 6-6 看出,掺杂镧和氟后 TiO_2 的吸收边带与未掺杂相比都有不同程度的增大,对应的带隙有减小的趋势。当氟的掺杂量为 5% 时,随着镧掺杂量的增加,吸收边带红移增大,镧的掺杂量从 1% 增加到 1.5% 时,吸收边红移 14nm,一定程度上提高了光催化剂的可见光活性和增加了太阳光的利用率。

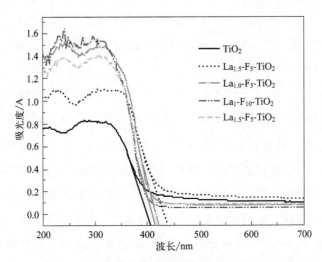

图 6-6　纯 TiO_2 和镧氟共掺杂 TiO_2 的 UV-Vis 光谱

表 6-2　La-F 共掺杂 TiO_2 的吸收边和带隙宽度

样品名	λ/nm	E_g/eV
TiO_2	405	3.06
$La_{1.5}$-F_5-TiO_2	437	2.84
$La_{1.0}$-F_5-TiO_2	423	2.93
La_1-F_{10}-TiO_2	415	2.99
$La_{1.5}$-F_{10}-TiO_2	415	2.99

La 和 F 共掺杂引起了二氧化钛晶体本征吸收边带的红移，主要是由于掺杂引起晶粒减小的同时，增加了 TiO_2 颗粒的内部应力，而内部应力的增加最终导致能带结构的改变，从而使带隙、能级间距变窄，使得紫外光-可见光吸收曲线边带发生红移。另一方面，稀土离子 La 离子的掺杂形成了新的掺杂能级，新的掺杂能级可以接受 TiO_2 的激发电子或者吸收光子，从而使电子跃迁到 TiO_2 的导带上，使能量较小的光子激发到杂质能级上捕获电子或空穴，从而使禁带宽度变窄导致吸收波长发生红移。

由图 6-6 所示的 UV-Vis 谱可见，共掺杂样品与纯 TiO_2 几乎具有相同的吸收曲线，La 与 F 的共掺杂并没有明显改善催化剂的光吸收性能。表明氟的掺杂并没有明显增加掺杂 TiO_2 的光吸收能力，与 Yamaki 等[78] 的报道一致。主要是由于 TiO_2 中氟掺杂形成的杂质能级由 F 的 2p 轨道组成，该能级位于 TiO_2 价带的下方，与 TiO_2 的禁带没有任何直接的重叠，因而并未增加 TiO_2 在可见光区的吸收。

6.3.6　La-F 的掺杂量对二氧化钛荧光性能的影响

半导体在光照下可以产生光生电子和空穴，光生电子和空穴又可以重新复合并发出荧光，所以 PL 光谱广泛用于研究半导体中电子-空穴对的复合率，复合概率越高，发光强度越大。样品的荧光光谱图如图 6-7 所示。

掺杂前后 TiO_2 的 PL 发射光谱显示，掺杂 TiO_2 都表现出与未掺杂 TiO_2 相似的 PL 光谱，图中未掺杂 TiO_2 粉体和掺杂 TiO_2 粉体的 PL 谱只是在测定波长范围内强度上存在差异，并未出现新的 PL 峰，这说明 La 及 F 元素掺杂并没有引起新的发光现象，而只是影响 PL 光谱强度。掺杂后的发光强度均比未掺杂的有所降低，从图中还可清楚地看到样品 $La_{1.5}$-F_5-TiO_2 的发射峰强度最低，说明掺杂可以降低光生电子-空穴的复合概率，从而延长光生电子和空穴的寿命，有利于光催化活性的提高。

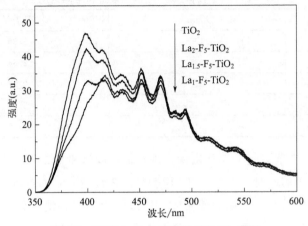

图 6-7　不同 La-F 共掺杂样品的 PL 谱图

6.4　La-F 共掺杂二氧化钛纳米材料光催化性能的影响

6.4.1　不同光源下对亚甲基蓝的降解研究

紫外光和可见光下亚甲基蓝的光催化降解结果如图 6-8 和图 6-9 所示。其中，紫外光是以 15W 紫外灯作为光源，可见光是以 300W 氙灯作为光源。不同光源下降解亚甲基蓝均是以 120min 为考察时间范围。

图 6-8 为紫外光下镧掺杂量为 1.5% 时，氟掺杂量改变时对催化剂降解亚甲基蓝性能的影响图。可以看出，共掺杂样品对亚甲基蓝的降解性能均优于 La 单掺杂及未掺杂 TiO_2 样品。由图可以看出，非金属元素 F 的掺杂引入，可以大幅提高 TiO_2 的催化性能，该类共掺杂催化剂对于亚甲基蓝的降解速率也非常快，在降解时间为 80min 时，共掺杂催化剂的降解率可以达到 60% 以上，$La_{1.5}$-F_5-TiO_2 在考察时间 120min 结束时，降解率达到 81.7%，为同等条件下纯 TiO_2 的 2.7 倍，高于同量 La 单独掺杂样品降解率 12.1%；$La_{1.5}$-F_{10}-TiO_2 同样表现了优秀的催化效果，对亚甲基蓝的降解率为 82.3%。同时也可以看出，F 的掺杂能够迅速提高二氧化钛类光催化剂在可见光下的催化活性，在 120min 时几乎可以将污染物完全降解，$La_{1.5}$-F_5-TiO_2 在 120min 时，降解率达到 91.4%，为同等条件下纯 TiO_2 的 2.5 倍，同量 La 单独掺杂样品

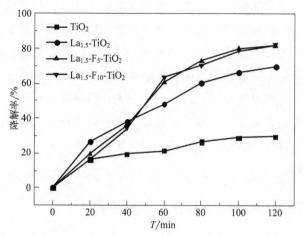

图 6-8　紫外光下不同 F 掺杂量对亚甲基蓝降解率的影响

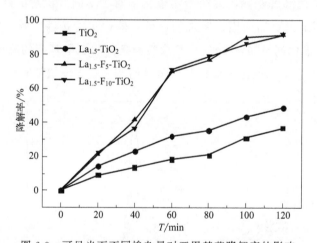

图 6-9　可见光下不同掺杂量对亚甲基蓝降解率的影响

降解率的 1.9 倍；$La_{1.5}$-F_5-TiO_2 也一样展示了完美的催化效果，120min 时对亚甲基蓝的降解率达到了 91.63％。

图 6-9 所示为可见光下催化剂降解效果，可以看出降解率曲线的斜率非常大，F 共掺杂催化剂可以在短时间内快速有效将污染物降解，图中在 60min 时，La 和 F 共掺杂催化剂的降解率在 70％以上，此类催化剂可以实现在短时间内将有机污染物迅速分解。较之于紫外光下有较大幅度的提高，主要是由于两种光源的强度不同，书中紫外光是 15W 的灯，而可见光是 300W 的灯，二者虽然波长不同，但由于功率有较大差异，导致光催化效果明显不同，说明光照强度和催化效果有直接的关系。因为单位体积内有效光子数是影响反应速率

的直接因素，光照强度越高时，单位体积内所接受的入射光子数目就越多，在催化剂表面产生的活性物质就越多，反应自然就越快。但光照强度也不是无限制地越高越好，光照强度增大时，会带来光源本身的严重发热，给体系带来蒸发严重、设备承受力加重及操作困难等诸多问题。另外，当光子利用率达到最大时，继续增大光辐射强度时，过多的光子无法得到有效利用，从经济角度出发，能源的过度浪费也是不可取的。所以，综合以上因素，实验所选择的可见光功率为 300W 氙灯，既可以保证足够的光辐射强度，又不会带来严重的发热及电能浪费问题。

6.4.2　不同光源下对罗丹明 B 的降解研究

为了进一步考察共掺杂样品的性能，实验选择另外一种常见的染料——罗丹明 B 进行催化降解实验，继续考察催化剂对于不同有机物的降解效率，对催化剂的性能给出更加全面、客观的评价。催化实验条件：罗丹明 B 初始浓度 15mg/L，催化剂投加量 2g/L，其余实验条件与亚甲基蓝的降解实验一致。图 6-10 为紫外光下光催化剂降解罗丹明 B 时溶液吸光度值随时间变化图。

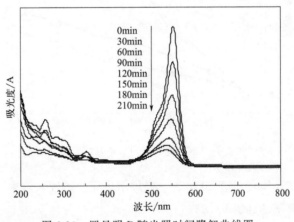

图 6-10　罗丹明 B 随光照时间降解曲线图

在图 6-10 中，罗丹明 B 降解过程使用的是 $La_{1.5}$-F_5-TiO_2 作为光催化剂，随着降解时间的不断延长，罗丹明 B 溶液的吸光度值逐渐降低，根据朗伯-比尔定律，罗丹明 B 溶液的浓度在逐渐降低，说明溶液中的罗丹明 B 分子在不断被降解消耗。从全波段扫描结果来看，罗丹明 B 的最大吸收波长在 553nm 处，后续实验中计算罗丹明 B 降解率时都采用 553nm 波长对应的吸光度值进行计算。

　　图 6-11 和图 6-12 分别是紫外和可见两种光源下，不同催化剂对罗丹明 B 的降解情况随时间变化图。

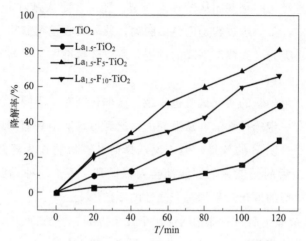

图 6-11　紫外光下不同 F 掺杂量对罗丹明 B 降解率的影响

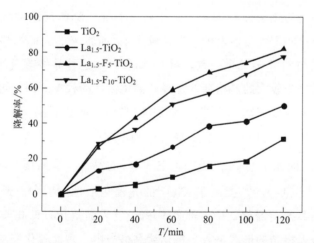

图 6-12　可见光下不同 F 掺杂量对罗丹明 B 降解率的影响

　　图 6-11 和图 6-12 反映了不同催化剂在紫外和可见两种光源下降解罗丹明 B 的对比情况，从图中可以看出，掺杂及共掺杂样品同样可以提高二氧化钛对罗丹明 B 的降解效果。从图形走势上看出，罗丹明 B 的降解曲线整体斜率较大，降解率随时间变化幅度几乎均等，较之于罗丹明 B 的结果，亚甲基蓝降解曲线图中，曲线一开始斜率较大，但后续线条较为平缓。也即，亚甲基蓝在较短时间可以达到较好的降解效果，后续有一段较为平缓的变化图，而罗丹明

B 降解过程达到较好降解率需要较长时间。

这种区别主要来自两种有机物的结构区别：罗丹明 B 的降解是一个两步反应过程，首先经历的是基团从苯环上断裂，随后才是大苯环分裂降解步骤，而上述两步当中，第一步过程是助色团脱离，紫外吸收稍稍蓝移，而后发生第二步反应，才是吸光度大幅度下降的过程，所以降解率图呈现与亚甲基蓝降解图不同的趋势。

通过两种有色染料的对比试验也发现，光催化剂对于不同有机物分子的催化降解过程是有一定选择性的，从上面的对比看出，亚甲基蓝降解的速度及最终效果均优于罗丹明 B 的效果。但不论选择何种有机物作为降解对象，通过稀土和 F 共掺杂后的光催化剂性能都会大幅提升，不论何种光源、何种有机物，改性光催化剂的催化效果均是未改性的 2 倍以上。

La-F 共掺杂催化剂高的催化活性源于几个方面：一方面，从前面的 SEM 图中可知，该类催化剂形貌上呈近似球状颗粒，且颗粒之间分散均匀，团聚较少，这种形貌结构为催化剂提供了大的比表面积，提供的反应点位大大增多，催化剂与污染物的接触面积增多，必然会增加催化降解反应的效率。另一方面，从离子半径匹配性角度考虑，半径较大 La 所带来的大的晶格畸变，在引入 F 时由于其与 O 半径几乎一致，对 La 所带来的这种晶格畸变并不会有大的影响，保留晶格中较大的晶格畸变是提高催化活性的根本原因。再一方面，掺杂引入镧元素主要以镧离子形式进入 TiO_2 晶格，而金属离子 La^{3+} 本身是电子的有效接受体，可以捕获 TiO_2 导带中的电子[142]，由于它对电子的争夺，减少了 TiO_2 表面光生电子 e^- 与光生空穴 h^+ 的复合，从而使 TiO_2 表面产生了更多的 $\cdot OH$ 和 O_2^{2-}，提高了 TiO_2 的光催化活性[143,144]。最后，由 XPS 结果可知，在共掺杂催化剂中，部分 F 离子以表面氟化，即化学吸附状态存在，另一部分以掺杂的形式进入二氧化钛晶格当中。表面氟化能够促进自由的羟基自由基 $\cdot OH$ 的生成，从而提高掺杂 TiO_2 的光催化活性[145,146]。

掺杂的 F 离子取代晶格氧原子与相邻的两个 Ti 离子配位，在取代位就产生了一个多余的电子，具备形成能级缺陷的条件，新生成的缺陷能级的位置低于 TiO_2 导带，能够通过捕获光生载流子而影响共掺杂催化剂中光生载流子的迁移和复合过程。同时由于半径较大 La^{3+} 带来的晶格畸变对光催化活性提高的贡献，这两种作用结合在一起提高了共掺杂光催化剂的催化活性，使得当 La 和 F 的掺杂量在合适的范围内时，显著改善 TiO_2 的光催化活性。但当氟的掺杂量到 10％ 时，催化剂表面会由于吸附大量的 F⁻ 而使吸附的表面羟基数量急剧下降，表面存在的 Ti—F 会导致 TiO_2 表面的 Zeta 电位呈负电性[147]，而负的表面电势在一定程度上能阻止光生电子有效地向表面迁移，这就导致电子和空穴在 TiO_2 内部的缺陷位复合的概率大大提高，最终表现为光催化活性下降。

6.5　本章小结

本章在稀土掺杂的基础上，引入离子半径与氧相似的 F，采用溶胶-凝胶法制备了多种不同掺杂量的、镧-氟共掺杂 TiO_2 光催化剂。采用结构性能分析、光学性能分析、组成形式及催化性能分析，对催化剂中各组分的作用进行了详细研究，得出以下结论：

① 实验条件下所制系列 $La-F-TiO_2$ 光催化剂的相组成均为锐钛矿型相 TiO_2，镧和氟的共掺杂导致 TiO_2 的晶粒充分细化，晶胞体积也明显膨胀，其中 $La_{1.5}-F_5-TiO_2$ 光催化剂的晶胞体积最大。

② 镧和氟共掺杂 TiO_2 的形貌均为均匀分布的颗粒状堆积，颗粒分布分散均匀，为催化剂吸附染料分子提供了良好的形貌条件。

③ $La-F-TiO_2$ 光催化剂对光的吸收能力较之于纯二氧化钛，并没有明显的提高，吸收边带红移的幅度也较小，主要是由于 TiO_2 中氟掺杂形成的杂质能级由 F 的 2p 组成，位于 TiO_2 价带的下方，与 TiO_2 的禁带没有直接的重叠所致。荧光光谱对比表明 La 和 F 的共掺杂可有效降低光生电子-空穴的复合概率，增加 TiO_2 的光量子效率。

④ XPS 结果表明，掺杂元素 La 和 F 都成功掺杂进入 TiO_2 中，La 在 TiO_2 中，部分替代 Ti 进入 TiO_2 晶格当中，导致 TiO_2 晶格畸变和膨胀，另一部分 La 形成 La_2O_3 包裹于 TiO_2 表面，均匀分布于 TiO_2 基体中。F 元素在二氧化钛中以两种形式存在：一种是以吸附的形式存在于二氧化钛表面，另一种 F 替代晶格中的 O 进入二氧化钛，且由于 F 电负性与 O 的差别，使 Ti 的存在形式发生了变化。

⑤ 紫外和可见光下降解亚甲基蓝的实验表明，共掺杂可提高二氧化钛的光催化活性，且共掺杂的降解效果均优于稀土单掺杂，在降解时间均为 120min 时：紫外光条件下 $La_{1.5}-F_5-TiO_2$ 催化剂降解率达到 81.7％，为同等

条件下纯 TiO_2 的 2.7 倍，高于同量 La 单独掺杂样品降解率 12.1%；$La_{1.5}$-F_5-TiO_2 对亚甲基蓝的降解率为 82.3%；在可见光下共掺杂样品几乎都可以将污染物完全降解，$La_{1.5}$-F_5-TiO_2 在 120min 时，降解率达到 91.4%，为同等条件下纯 TiO_2 的 2.5 倍，同量 La 单独掺杂样品降解率的 1.9 倍，$La_{1.5}$-F_5-TiO_2 时对亚甲基蓝的降解率达到了 91.63%。

第 7 章

电化学法研究La-F两步共掺杂纳米二氧化钛的催化机理

7.1 引言

TiO$_2$ 是一种常见的 N 型半导体，半导体中电子多于空穴，主要以自由电子导电，但半导体的类型并不是一成不变的，通过掺杂改性的办法可以改变其类型，比如用 Fe^{3+} 掺杂纳米 TiO$_2$ 后，Fe-TiO$_2$ 是一种 P 型半导体[148]，半导体中空穴的数目远大于电子，以空穴导电为主。由此我们得到启发，通过不同离子的掺杂来对二氧化钛的半导体类型进行修饰和改进，以期得到良好的催化活性。

光催化半导体材料，按导电载流子的不同分为 P 型和 N 型，不同的半导体材料进行复合可得到异质复合光催化剂[149]，可分为 N-N、P-P、P-N 复合三类，N-N 结和 P-P 结称同型异质结，P-N 结称为反型异质结。在光催化剂基本组合的三种原型中，P-N 复合型光催化剂比负载贵金属的 N 型或 P 型半导体光催化剂有更高的效率，而两个半导体接触的界面，其能级构成形式相当丰富[150,151]。异质半导体复合时，复合前后界面上的能带都会发生一些变化，这一变化直接影响到载流子穿越界面的迁移运动。P-N 复合的结果使得光催化效率得到明显提高。但是到目前为止，相关的研究还有很多不足，存在不少的问题。

研究发现两种不同晶型结构的 TiO$_2$ 混合时，其催化活性会提高，原因就是禁带宽度不同的 TiO$_2$ 可形成 N-N 异质结，其本质上是通过半导体的复合来提高催化活性。通过半导体复合形成 N-N 或 P-N 型复合半导体，由于二者费米能级不同而引起的内建电场，必然会对光生电子-空穴形成驱动，从而增加其寿命[152,153]，提高光催化活性。

对于共掺杂而言，在光催化过程中，掺杂的 RE^{3+} 只是作为光生空穴的浅势捕获阱，起到分离光生电子-空穴的作用，但其掺杂量超过最佳掺杂浓度时，随着捕获位之间的平均距离缩短，复合速率增加，光催化活性反而降低[57]。本章拟制备镧-氟共掺杂 TiO_2 光催化剂后，再通过"自复合"制备出镧-氟两步共掺杂的复合异质结半导体光催化剂，通过电化学交流阻抗法对 La-F 两步共掺杂的二氧化钛进行研究，得出半导体晶型、能带结构与禁带宽度及载流子浓度之间的关系，并探讨两步共掺杂二氧化钛光催化反应提高的机理。

电化学交流阻抗法（EIS）是研究电化学过程及材料界面反应机理的有力工具[154,155]。其过程主要是：给待测样品施加一个小振幅的正弦交变扰动信号（正弦波电压或电流），通过改变频率，收集研究体系对应的电位或电流响应信号，测试后将测量所得结果绘成系列谱图，最终得到研究体系的阻抗谱。根据阻抗数据进一步通过拟合等效电路模型，对研究对象的阻抗谱进行分析、拟合，从而获得体系内部的电化学等信息[156]。

书中在制得镧-氟共掺杂 TiO_2 光催化剂后，再通过"自复合"制备出镧-氟两步共掺杂的复合半导体光催化剂。通过电化学交流阻抗的方法对 La-F 两步共掺杂的二氧化钛进行研究，探索半导体类型、能带结构与禁带宽度及载流子浓度之间的关系。

7.2 掺杂改性二氧化钛电极的制备及研究方法

7.2.1 La 掺杂及两步共掺杂二氧化钛光催化剂的制备

按照 6.2 中步骤制备系列 La-F 共掺杂催化剂备用。分别称取 1.0g$La_{1.5}$-F_5-TiO_2、$La_{1.5}$-$F_{7.5}$-TiO_2 和 $La_{1.5}$-F_{10}-TiO_2 粉末加入到由 17mL 钛酸丁酯制得的纯 TiO_2 溶胶中，不断搅拌 48h，搅拌过程中，溶胶中的溶剂不断挥发得胶状溶胶，将溶胶在 70℃的恒温水浴中放置 9h，80℃下在真空干燥箱中干燥 1.0h，置马弗炉中在 500℃下焙烧 2h，研磨后即制得 TiO_2/La_x-F_{10}-TiO_2 复合催化剂，简记为 D-La_x-F_{10}-TiO_2（x 表示 La 与 Ti 的摩尔百分比数值，D 即为 dual，表示两步掺杂）。

7.2.2　La 掺杂改性二氧化钛电极的制备

将长 4cm、宽 2cm 的导电玻璃，依次用洗洁精、水、酒精清洗干净。称取 0.3g 催化剂于研钵中，加入 2mL 无水乙醇和水，研磨 0.5h，然后在真空干燥箱中 80℃温度下干燥 0.5h，再研磨 0.5h 后又干燥，重复操作 4 次，以保证催化剂颗粒细小均匀。将研磨好的悬浮液滴在处理好的导电玻璃上，用涂覆法把悬浮液均匀地涂覆在导电玻璃表面（面积为 4cm^2）。

7.2.3　电化学测试方法

样品的电化学性能在美国 AMETEK 公司生产的 PARSTAT 2273 型电化学工作站上测试。实验采用的是三电极工作体系，TiO_2 为工作电极，Pt 电极为对电极，饱和甘汞电极做参比电极，0.8mol/L 的 Na_2SO_4 溶液为电解质。对不同镧掺杂量的 TiO_2 进行电化学阻抗谱（EIS）测试，频率扫描范围：100kHz～0.01Hz，振幅 5mV。施加不同偏压时（－0.4V、－0.3V、－0.2V、－0.1V、0V、0.1V、0.2V、0.3V 和 0.4V），测定不同镧-氟掺杂浓度 TiO_2 电极的交流阻抗图，从而得到随外加偏压改变的不同半导体空间电荷层的电容值。采用 Mott-Schottky 作图法（即利用莫特-肖特基方程，由 C_{sc}^{-2} 对 V 作图），来求得掺杂 TiO_2 电极的平带电势 V_{fb} 和载流子浓度 N_D，并探讨其对催化剂光催化活性的影响。

7.3　La-F 两步共掺杂对二氧化钛纳米材料结构的影响

7.3.1　La-F 两步共掺杂对二氧化钛相结构的影响

样品的粉末 XRD 测试以铜靶 Kα 为射线，管压 40kV，扫描范围 10°～70°，扫描速度 5°/min，所得样品物相的 XRD 谱如图 7-1 所示。

图 7-1 中谱线分别表示不同镧-氟掺杂量 TiO_2 样品的 XRD 谱图，从谱图的对比中可以看出，镧-氟两步共掺杂样品与前述第 6 章中的掺杂样品在结晶组成上并无太大区别，所测试的 3 个两步共掺杂样品仍均为锐钛矿型 TiO_2，谱图中随衍射角角度由小到大依次出现的是锐钛矿型 TiO_2 的（101）、（004）、

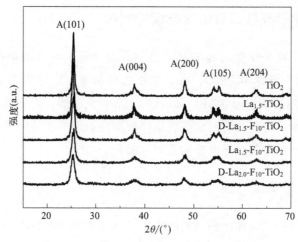

图 7-1　不同氟镧共掺杂样品的 XRD 谱图

（200）、（105）和（204）晶面所对应的特征衍射。谱图中所示的 6 个样品的衍射峰均尖锐、明显，说明实验所制两步共掺杂样品的结晶度良好。较之于纯二氧化钛，两步共掺杂样品的衍射峰也呈现宽化变形的规律，由谢乐公式可知，相应的样品的平均粒径会减小。La-F 两步共掺杂样品的衍射图上也没有出现镧或氟化合物的衍射峰，说明在原来氟和镧掺杂的基础之上，进一步进行两步共掺杂的过程并没有改变掺杂进入的氟和镧的掺杂状态。

由 XRD 实验现象与数据对比可知，掺杂离子 F 和 La 的掺杂引入方式，对于样品的晶型及晶粒大小的影响并没有明显差别。由公式估算得样品晶粒大小及晶格常数数据列于表 7-1。

表 7-1　La-F 共掺杂 TiO_2 的晶粒大小和晶胞参数

样品	平均粒径/nm	$a/Å$	$c/Å$	晶胞体积 $V/Å^3$
TiO_2	26	3.77676	9.48211	135.25
$La_{1.5}\text{-}F_0\text{-}TiO_2$	12	3.7832	9.47562	135.62
$La_{1.5}\text{-}F_{10}\text{-}TiO_2$	12	3.78288	9.51275	136.13
$D\text{-}La_{1.5}\text{-}F_{10}\text{-}TiO_2$	11	3.78312	9.50671	136.06
$D\text{-}La_2\text{-}F_{10}\text{-}TiO_2$	12	3.78096	9.50918	135.94

由表 7-1 中数据看出，掺杂后样品的晶胞体积均得到了不同程度的扩大，而对于单独的晶格常数 a 和 c 而言，变化呈现的规律是 a 与 c 值都呈逐渐增大趋势。在两步共掺杂样品中，对比数据也可看出，晶格膨胀的程度与 F 的掺杂量几乎没有关系，也就是说，F 的掺杂对于二氧化钛晶胞体积的变化几乎毫

无贡献，即晶胞体积的变化仅来自于 La 的掺杂。究其原因，La 与 Ti 的半径差较大，而 F 与 O 的半径几乎相当，故而 La 的掺杂会引起 TiO_2 晶胞的膨胀。

7.3.2　La-F 两步共掺杂二氧化钛的形貌分析

图 7-2(a)～(d)是镧-氟共掺杂 TiO_2 与镧-氟两步共掺杂 TiO_2 在场发射扫描电镜下观察所得 SEM 图，图 7-2（a）和（b）分别是 $La_{1.5}$-F_{10}-TiO_2 和 $La_{1.5}$-F_5-TiO_2 样品的表面形貌图；图 7-2（c）和（d）分别是 D-$La_{1.5}$-F_{10}-TiO_2 和 D-$La_{2.0}$-F_{10}-TiO_2 样品的表面形貌图。

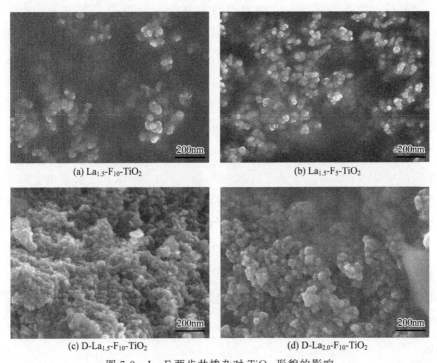

(a) $La_{1.5}$-F_{10}-TiO_2

(b) $La_{1.5}$-F_5-TiO_2

(c) D-$La_{1.5}$-F_{10}-TiO_2

(d) D-$La_{2.0}$-F_{10}-TiO_2

图 7-2　La-F 两步共掺杂对 TiO_2 形貌的影响

由图 7-2 可以看出，无论是共掺杂还是两步镧-氟共掺杂样品，其基本组成结构均为近球状的颗粒堆积，相对而言，镧-氟共掺杂样品分散性更好，颗粒之间几乎没有团聚和聚集，单颗粒粒径在几十纳米左右。两步共掺杂样品形貌上是由大小均匀的颗粒组成，但颗粒间的团聚较为严重，颗粒间的界限较为模糊。两种掺杂方式所引起二氧化钛形貌上的差异，主要是由于两步掺杂样品是在原掺杂样品的基础之上，重新经历 500℃的高温焙烧，而长时间的高温焙烧必然会导致产物颗粒间的团聚和融合。

7.3.3　La-F 两步共掺杂二氧化钛表面元素分析

图 7-3(a)～(d)所示为样品 $D-La_{2.0}-F_{10}-TiO_2$ 的全能谱图及 Ti、La 和 F 三种元素的 XPS 谱图。

由图 7-3(a) 的全谱可以看出，样品表面除含有主要元素 Ti、O、C 的原子峰外，还出现了较弱的 La 3d 的峰及 F 1s 的峰，充分说明两步共掺杂样品中 La 和 F 也会有效进入 TiO_2 中。其中 C 元素仍是来自于 X 射线光电子能谱仪本身的碳污染，图 7-3(b) 中出现的，位于结合能 458.45eV 和 464.25eV 处的两个肩峰，为典型的 Ti 2p 轨道自旋相互作用分裂而成的 2 个能态：Ti $2p_{1/2}$ 和 Ti $2p_{3/2}$，是 Ti 的 +4 价态所引起的谱峰[157]；与前述图 6-5(b) 中，样品 $La_{1.5}-F_5-TiO_2$ 中的 Ti 位于结合能 458.55eV 和 464.45eV 处的两个肩峰相比，Ti 2p 轨道的 2 个能态 Ti $2p_{1/2}$ 和 Ti $2p_{3/2}$ 的结合能均有所减小。

掺杂引入的 F，其电负性较之于 O 更大，当 F 进入晶格与 Ti 成键后，轨道中的电子就会受到电负性的影响而自发地从 Ti 原子向 F 原子转移，结果使得 Ti 周围的电子云密度减小，从而使其相应的结合能升高[159]。上述两步共掺杂样品中 Ti 2p 结合能较之于共掺杂样品结合能的降低，主要是由于两步共掺杂样品中 F 的掺杂量小于 La-F 共掺杂样品中 F 的量，这一 Ti 2p 结合能数据变化的结果，又一次证明氟掺杂到了 TiO_2 的晶格中。

图 7-3(c) 中对应的，是两步共掺杂样品 $D-La_{2.0}-F_{10}-TiO_2$ 表面 La 元素的谱峰，结合能在 852.6eV 和 835.55eV 处的峰分别对应 La $3d_{3/2}$ 和 La3 $d_{5/2}$ 的电子结合能，同时通过软件分峰，可以看到两个峰旁边都有一个伴峰，这也

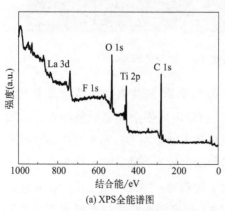

(a) XPS全能谱图

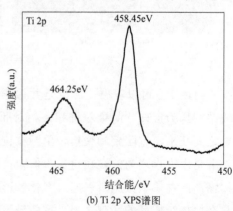

(b) Ti 2p XPS谱图

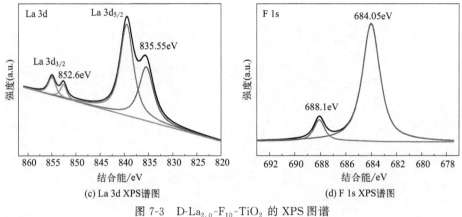

(c) La 3d XPS谱图　　　　　　　(d) F 1s XPS谱图

图 7-3　D-La$_{2.0}$-F$_{10}$-TiO$_2$ 的 XPS 图谱

是 La^{3+} 在 XPS 中典型的谱峰特征，判断出样品表面的 La 元素主要以正三价的形式存在，结合 XRD 结果判断，产物中 La 元素部分是以 Ti—O—La 键的形式存在于 TiO$_2$ 晶格当中。

图 7-3(d) 为 F 元素 1s 轨道的高分辨 XPS 图谱，在结合能 684.05eV 和 688.1eV 处出现了 2 个谱峰，通过软件拟合，F 1s 精细谱中，结合能在 684.05eV 的谱峰，是由通过化学吸附在 TiO$_2$ 颗粒表面的氟离子所产生的[158,159]，而结合能在 688.1eV 处的谱峰是典型的氟取代 TiO$_2$ 的晶格氧，形成 F—Ti—O 键所产生[160]；样品中两种 F 共存，证明掺杂引入的 F 并没有完全进入晶格中。

7.3.4　La-F 两步共掺杂对二氧化钛光吸收性能的影响

图 7-4 是两步氟镧共掺杂 TiO$_2$ 的 UV-Vis 吸收光谱图，由图可知，与纯 TiO$_2$ 的吸收光谱相比，掺杂样品在紫外和可见光区的吸收都有不同程度的提高，但共掺杂样品在紫外光区的吸收增强程度明显大于可见光区。同时两步共掺杂样品的吸收带边波长（λ$_g$）也发生了不同程度的红移，相应地，材料的禁带宽度也有不同程度的降低，但在不同 F 或镧掺杂量的两步共掺杂样品中，样品在可见光区的吸收强度几乎相同，吸收边带也没有明显差异。根据 Khan 公式计算可知，共掺杂样品的禁带宽度均得到降低，当氟的掺杂量为 5%，镧的掺杂量在 1.0% 时，两步共掺杂样品的吸收边红移了 31nm，相应地，禁带宽度减小了 0.22eV，一定程度上提高了光催化剂的可见光活性、增加了太阳光的利用率，具体数据见表 7-2。

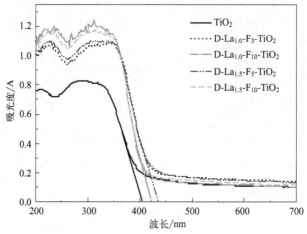

图 7-4　两步共掺杂 TiO_2 的紫外-可见吸收光谱

表 7-2　La-F 两步共掺杂 TiO_2 的吸收边和带隙宽度

样品	吸收边/nm	E_g/eV
TiO_2	405	3.06
$D-La_{1.0}-F_5-TiO_2$	436	2.84
$D-La_{1.5}-F_5-TiO_2$	435	2.85
$D-La_{1.0}-F_{10}-TiO_2$	421	2.95
$D-La_{1.5}-F_{10}-TiO_2$	420	2.95

　　随着镧掺杂量的增加，样品的吸收有所增强，这是因为催化剂的粒径越小，比表面积就越大，量子化学效应越趋于明显[161]，光吸收效率提高，从而使样品对光的吸收增强。一般认为粒子半径减小时，由于量子效应吸收曲线会蓝移，但随着颗粒粒径的减小，其内部的应力也会增加，而内应力的增加会导致能带结构的改变，电子波函数的重叠加大，带隙变窄，从而使得光吸收曲线发生红移。

　　结合表 7-2 中数据分析，共掺杂样品吸收曲线红移，是上述两种作用效应共同作用的结果，内应力变化导致表面效应引起的能量变化大于量子效应引起的变化，结果使得吸收谱发生红移。同时，吸收谱的红移和禁带宽度的变小也归因于掺入的镧离子对 TiO_2 的电子结构产生了干扰，镧的掺入在 TiO_2 导带和禁带之间引入了新的杂质能级，杂质能级与 TiO_2 的导带和价带发生杂化，使导带下移同时价带上移，因而使得掺杂改性后的 TiO_2 禁带宽度变小[162]。

7.4　两步共掺杂二氧化钛材料的光催化性能和机理研究

7.4.1　两步共掺杂样品的光催化性能研究

样品在紫外和可见两种光源下，降解亚甲基蓝的光催化结果如图 7-5 和图 7-6 所示。光催化实验中，紫外光是由 15W 紫外灯提供，可见光是由 300W 氙灯提供。两种光源下降解亚甲基蓝的时间均以 120min 为考察时间范围。

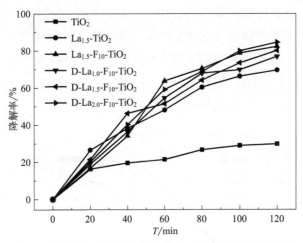

图 7-5　紫外光下不同氟-镧共掺杂量样品降解率对比图

图 7-5 为多种掺杂样品在紫外光下降解亚甲基蓝的对比图，图中的降解率曲线几乎可以分为两组：纯 TiO_2 的降解率自成一组，降解率很低；其余掺杂样品构成一组，降解率曲线之间差异不大。掺杂样品之间的共同点是都或多或少掺杂引入了 La 离子，不同样品间的区别在于镧的掺杂量及掺杂方式不同，在实验所选定的 La 与 Ti 的摩尔百分比在 1.5％附近时，不同样品在紫外光下 120min 时降解亚甲基蓝的降解率都在 70％以上，充分说明在合适的掺杂量范围内稀土元素镧的掺杂可以有效增强二氧化钛光催化剂的紫外活性。在 La 掺杂的基础之上，引入第二掺杂元素 F 后，不同样品在该条件下对亚甲基蓝的降解率均达到 80％以上，进一步提高了二氧化钛的紫外催化活性。对于镧-氟共掺杂样品，掺杂方式并没有明显的增强或减弱规律，在降解率数据中也并无

明显的区别。

图 7-6 为多种不同样品在可见光下降解亚甲基蓝的对比图，图中的降解率曲线也可以根据曲线的集中程度分为两组：共掺杂样品是降解率较高的一组，而纯 TiO_2 及 La 单独掺杂 TiO_2 样品为降解率低的一组。而且从图中可以明显看出，两组降解率曲线的斜率差异也很大，共掺杂样品在 300 W 可见光辐射下可以迅速将亚甲基蓝分解，所以共掺杂样品对于亚甲基蓝的降解，无论是降解率还是降解的速度均明显高于 La 单掺杂二氧化钛。同时可以看出，与前述紫外光一样的规律，镧-氟的共掺杂方式对于可见光降解率数据并无大的影响和区别，在光降解时间为 60 min 时，共掺杂样品对于亚甲基蓝的降解率均达到 90% 以上，当时间延长到 120 min 时，降解率都达到了 96% 以上，几乎实现了污染物的完全降解。在此条件下 120 min 降解率最高的样品是 $D-La_{1.0}-F_{10}-TiO_2$，对亚甲基蓝的降解率为 97.66%，是同等条件下纯 TiO_2 的 2.65 倍，同量 La 单独掺杂样品降解率的 2 倍；其余两个两步共掺杂样品：$D-La_{2.0}-F_{10}-TiO_2$ 和 $D-La_{1.5}-F_{10}-TiO_2$ 同样表现了非常优秀的催化效果，120 min 时对亚甲基蓝的降解率分别为 96.08% 和 97.31%。

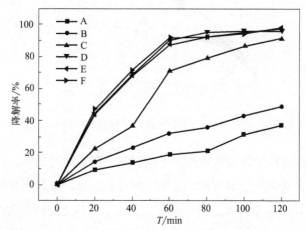

图 7-6　可见光下不同掺杂 TiO_2 对亚甲基蓝降解率的影响

$A-TiO_2$；$B-La_{1.5}-TiO_2$；$C-La_{1.5}-F_{10}-TiO_2$；$D-D-La_{2.0}-F_{10}-TiO_2$；

$E-D-La_{1.0}-F_{10}-TiO_2$；$F-D-La_{1.5}-F_{10}-TiO_2$

7.4.2　掺杂二氧化钛电极的交流阻抗

图 7-7 和图 7-8 是不同量镧-氟共掺杂 TiO_2 电极，在 -0.3 V 的外加偏压

下测得交流阻抗谱图的 Nyquist 曲线和 Bode 图。

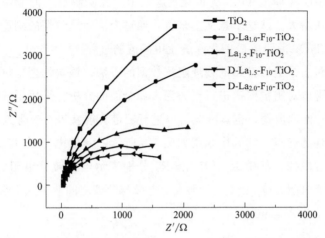

图 7-7 不同掺杂 TiO_2 电极在 Na_2SO_4 电解液中的 Nyquist 图

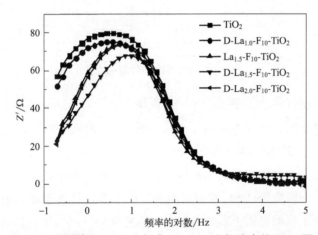

图 7-8 不同掺杂 TiO_2 电极在 Na_2SO_4 电解液中的 Bode 图

由样品交流阻抗的 Nyquist 图可以看出，Nyquist 曲线中阻抗圆环的半径大小各不相同。在相同频率下，阻抗圆环的直径越大，说明该时间常数对应的电容值小，产生的法拉第电流的阻抗值大。从电化学反应能力角度来看，圆弧半径大，意味着电极上发生反应所需克服的能垒很大，该电极上的反应难以进行，抑或是该电极上的反应速率很慢[163]。

在光催化体系当中，圆弧半径的相对大小对应着电荷转移电阻的大小和光生电子-空穴的分离效率[164]。从图 7-7 的 Nyquist 曲线看出，掺杂后所有样品均仅出现一个阻抗弧，其中纯 TiO_2 阻抗弧的半径最大，其余圆环几乎是随着镧掺杂量的增加，阻抗弧半径逐渐减小。La 及 La-F 的共掺杂使曲线圆环半径明显减小，说明在掺杂 TiO_2 光催化剂电极上，光降解反应的能垒在变小，电极反应速度在增大。从这个意义上来看，通过交流阻抗数据的测量，一定程度上可以描述 TiO_2 薄膜电极催化降解亚甲基蓝的过程。

等效电路法是最为常用的处理阻抗数据的方法，该法处理阻抗数据和图谱的优点在于可以对阻抗图谱进行更为深入和全面的分析。采用阻抗图谱分析软件 ZsimpWin 处理数据，也具有既可以进行图谱分解获得对应等效电路，又可进行数据拟合的优点。实验中采用如图 7-9 所示的等效电路对 TiO_2 电极的电化学过程进行模拟，其中 R_1、R_2 和 R_s 分别表示电荷转移电阻、TiO_2 电极的电阻和溶液电阻，Q_1 和 Q_2 分别表示电极与溶液之间双电层电容和 TiO_2 电极电容，W 表示 Warburg 阻抗。

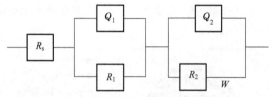

图 7-9 拟合 EIS 的等效电路图

实验中所制备镧-氟共掺杂 TiO_2 半导体电极表面在 Na_2SO_4 电解液中形成空间电荷的双电层，该双电层由三个区组成[165]：溶液中的空间电荷区、亥姆霍兹层的过渡区和 TiO_2 的空间电荷区。在本实验对应的 TiO_2 电极中，由于溶液浓度比较大，溶液中空间电荷区内的 TiO_2 可以看作理想半导体，所以电极的电容就完全取决于 TiO_2 的空间电荷区的电容，且由于掺杂进入的离子浓度很小，基本不影响界面上亥姆霍兹层的电势跃变，所以可近似地认为体系电极的总电容 C 只由 TiO_2 的空间双电层 C_{sc} 决定。

该体系中，电极非理想电容 C（CPE，常相位角元件）用 $Q = Z_{CPE}(\omega) = [Cj\omega^n]^{-1}$ 表示，其中，n 值为频率-阻抗的拟合参数，代表 CPE 较纯电容 C 的偏离情况，n 值始终介于 $0.5 \sim 1$ 之间，该现象是由于涂层样品的不均匀性，一般认为工作电极表面粗糙度增大时，CPE 更偏离理想的纯电容，电极越粗糙，n 值越远离 1，当 n 接近 0.5 时，CPE 代表 Warburg 阻抗，因此，C 值会随 n 值的变化而改变[166]。

利用 ZsimpWin 阻抗模拟软件拟合所得参数值见表 7-3，数据中的 Q_2 表示的是 TiO_2 电极的电容，而由上面的讨论可知，TiO_2 电极的 C_{sc} 等于表中

的 Q_2 值。

表 7-3　TiO₂ 电极在不同偏压下的交流阻抗参数

偏压/V	R_2/Ω	$Q_2/10^4\,\Omega\cdot s^n$	n	$W/10^5\,\Omega\cdot s^{0.5}$
−0.4(a)	2.058	7.814	0.94	9.379
−0.3(a)	5.752	6.788	0.94	2.644
−0.2(a)	1.947	5.302	0.94	1.26
−0.1(a)	2.178	4.893	0.95	7.317
0(a)	1.279	4.001	0.94	7.697
0.1(a)	3.832	3.923	0.94	1.032
0.2(a)	8.555	2.874	0.94	4.657
0.3(a)	1.228	2.746	0.94	2.949
0.4(a)	3.574	2.22	0.94	1.33
−0.4(b)	2.728	5.615	0.94	1.455
−0.3(b)	1.189	5.106	0.93	5.076
−0.2(b)	3.517	4.78	0.93	2.34
−0.1(b)	1.259	4.106	0.94	1.49
0(b)	5.556	3.597	0.94	1.565
0.1(b)	1.966	2.407	0.94	5.306
0.2(b)	3.797	2.147	0.94	3.486
0.3(b)	4.267	2.052	0.94	6.027
0.4(b)	3.194	1.83	0.94	2.086
−0.4(c)	3.865	5.164	0.94	3.514
−0.3(c)	2.639	4.185	0.95	4.993
−0.2(c)	4.395	3.814	0.95	2.399
−0.1(c)	3.227	2.84	0.94	1.267
0(c)	2.781	2.74	0.94	3.832
0.1(c)	3.433	2.24	0.94	1.966
0.2(c)	3.857	2.016	0.94	5.471
0.3(c)	4.225	1.84	0.93	3.835
0.4(c)	4.373	1.716	0.94	3.173
−0.4(d)	2.366	6.166	0.93	1.874
−0.3(d)	1.126	4.48	0.93	3.284
−0.2(d)	1.047	4.003	0.94	8.053
−0.1(d)	2.422	3.021	0.94	7.267

偏压/V	R_2/Ω	$Q_2/10^4\Omega \cdot s^n$	n	$W/10^5\Omega \cdot s^{0.5}$
0(d)	6.107	2.242	0.94	2.476
0.1(d)	2.059	1.955	0.94	1.187
0.2(d)	4.349	1.611	0.95	6.883
0.3(d)	4.074	1.47	0.94	9.067
0.4(d)	5.139	1.383	0.94	2.675
−0.4(e)	2.251	5.01	0.94	1.559
−0.3(e)	1.314	3.731	0.95	4.21
−0.2(e)	1.148	2.817	0.94	8.768
−0.1(e)	1.66	2.048	0.93	8.132
0(e)	4.591	1.879	0.94	2.674
0.1(e)	7.24	1.548	0.94	7.222
0.2(e)	1.306	1.436	0.94	1.507
0.3(e)	1.104	1.292	0.94	6.72
0.4(e)	2.638	1.206	0.94	1.644

注: (a) TiO_2; (b) $La_{1.5}$-F_{10}-TiO_2; (c) D-$La_{1.0}$-F_{10}-TiO_2; (d) D-$La_{1.5}$-F_{10}-TiO_2; (e) D-$La_{2.0}$-F_{10}-TiO_2。

7.4.3 平带电势及载流子浓度的测定

平带电位是表示半导体电学性质的重要参数,是表示半导体-电解液体系的重要特征,也是确定半导体能带位置的重要物理量[167]。费米(Fermi)能级在半导体物理中也是个很重要的物理参数,表示电子的平均能量,或是在绝对零度下电子所能达到的最高能量,费米能级一般位于半导体的导带与价带之间,可表示半导体内部电子能量的高低,越靠近导带,电子载流子浓度越高,能量就越高。越靠近价带,电子载流子的浓度就越低,能量也较低。

理想情况下,平带电位是半导体费米能级与电解质费米能级之差。当半导体电极与电解质溶液接触时,由于二者费米能级的不同,必然会在半导体一侧形成空间电荷层,在电解质溶液一侧形成 Helmholtz(亥姆霍兹)层。此时若对半导体电极施加一极化电位来改变其费米能级,半导体就会处于平带电位状态,此时称施加的电位为半导体的平带电位 V_{fb}[168],其测量方法主要是根据莫特-肖特基理论(Mott-Schottky)[169]。

在半导体中,用来描述半导体空间电荷层微分电容 C_{sc} 与半导体表面对于

本体的电势 V 的关系式是 Mott-schottky 方程：

$$C_{sc}^{-2} = \frac{2}{q\varepsilon\varepsilon_0 N_D A^2}\left(V - V_{fb} - \frac{kT}{q}\right) \tag{7-1}$$

式中　q——电荷电量，$1.6 \times 10^{-19}C$；

　　　ε——TiO_2 介电常数；

　　　ε_0——真空介电常数，$8.85 \times 10^{-12}F/m$；

　　　N_D——半导体载流子浓度；

　　　A——电极面积；

　　　V——外加偏压；

　　　V_{fb}——平带电势；

　　　k——玻尔兹曼常数，$1.38 \times 10^{-23}J/K$。

由上式看出，C_{sc}^{-2} 与 V 为线性关系，实验中采用 9 种不同外加偏压进行测试，由 C_{sc}^{-2} 对 V 作图，即 Mott-schottky 图，如图 7-10 所示。利用所得图中的直线部分，可求得图中直线的斜率 Z 与截距 V_0，之后就可以按式（7-2）和式（7-3）分别计算出 V_{fb} 和 N_D 的值：

$$V_{fb} = V_0 - \frac{kT}{q} \tag{7-2}$$

$$N_D = \frac{2}{q\varepsilon\varepsilon_0 N_D A^2} \tag{7-3}$$

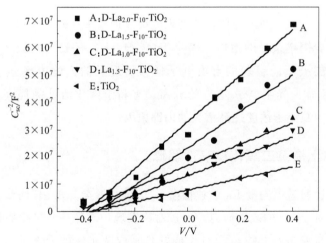

图 7-10　TiO_2 电极的 Mott-schottky 图

计算所得具体数据列于表 7-4 中。

　　由表 7-4 数据可知，纯 TiO_2 的平带电势在 $-0.52eV$ 左右，其余掺杂二氧化钛样品的平带电位均发生了一定程度的正向移动，两步共掺杂样品平带电势正移的程度要大于共掺杂样品，且在两步共掺杂中，平带电势随镧的掺杂量增加而不断正移。同时可以看到，随着半导体平带电势的不断正移，半导体内部载流子的浓度也逐渐增大，增大的规律和趋势与平带电势的正移方向完全一致。

表 7-4　TiO_2 电极的 V_{fb} 和 N_D 值

样品	V_{fb}/V	N_D/cm^{-3}
TiO_2	-0.52	2.61×10^{19}
$La_{1.5}$-F_{10}-TiO_2	-0.48	4.36×10^{19}
D-$La_{1.0}$-F_{10}-TiO_2	-0.45	5.1×10^{19}
D-$La_{1.5}$-F_{10}-TiO_2	-0.36	1.5×10^{20}
D-$La_{2.0}$-F_{10}-TiO_2	-0.32	1.6×10^{20}

　　半导体的平带电势与费米能级是相互对应的，当平带电势正移时，也就意味着半导体的费米能级会相应地向下移动[170]。半导体中，由于费米能级不是真正的能级，所以它可以像束缚状态的能级一样，处于能带中的任何位置，当然也可以处于禁带之中，对于绝缘体和半导体，费米能级则位于禁带中间。对于 N 型半导体，因为导带中有较多的电子，则费米能级处于靠近导带底的位置。

　　由于 TiO_2 是 N 型半导体，其费米能级靠近导带一侧，所以在两步共掺杂样品中，随着镧掺杂量的增加，掺杂 TiO_2 与 TiO_2 的费米能级之差也越来越大，由费米能级不同引起的自由电子迁移而形成的内建电场强度也逐渐增大[171]，从而加速光生电子-空穴的分离，有利于催化活性的提高，这也解释了上述数据中载流子浓度逐渐增大的内部原因。

7.4.4　稀土掺杂二氧化钛机理解释

　　二氧化钛通过不同量 La 单独掺杂、La-F 共掺杂和 La-F 两步共掺杂三种方式进行了对 TiO_2 的改性研究，通过对比发现，不论是通过改变掺杂元素 La 的量，或是与 F 进行共掺杂，抑或是与 F 采取两步法的形式共掺杂，对于样品的晶型、结构及形貌，以及对于光的吸收响应范围，均没有本质性的影响和改变，但是在产物的光催化性能上却有明显的增强和突破；究其原因，我们可以从多个方面进行分析和总结。

稀土元素 La 的最外层电子排布为 $5d^16s^2$，4f 轨道处于全空状态，而在原子的外层电子排布时，轨道处于全空、半充满、全满时最为稳定，所以掺杂后会在 TiO_2 价带上方引入一条空能带，电子在发生跃迁时，可以首先吸收能量跃迁至这个空能带上，再吸收能量相对较小的光子即可跃迁至导带上，所以 La 的掺杂使二氧化钛的光吸收边带发生红移且可见光活性得到提高。La 与 Ti 离子半径上的差异也为掺杂后引起 TiO_2 晶格的畸变提供了条件，由实验数据也证明，La 掺杂样品均引起 TiO_2 晶格的较大膨胀。

众所周知，半导体可分为 N 型和 P 型两大类。半导体中有两种载流子，即价带中的空穴和导带中的电子，以电子导电为主的半导体称为 N 型半导体，与之相对的，以空穴导电为主的半导体称为 P 型半导体。离子掺杂或缺陷等方式可以改变其中电子的浓度，因此半导体的类型也是可以调控的。在二氧化钛改性研究中，也经常见到通过半导体复合的方式进行改性，如通过 CdS 与 TiO_2 复合形成 N-N 型复合半导体[172]。市售 P-25 由 70％的锐钛矿和 30％的金红石组成，具有良好的光催化活性，原因就是禁带宽度不同的锐钛矿和金红石形成了 N-N 型异质结[173]。

在锐钛矿和金红石复合半导体内部，由于二者费米能级不同，自由电子从费米能级高的锐钛矿相向费米能级低的金红石相移动，使得锐钛矿型 TiO_2 的费米能级不断下移，而金红石型 TiO_2 的费米能级则不断上移。电子的不断迁移使得自由电子在金红石一侧聚集而锐钛矿一侧却积累了空穴，最终在两相的交界处形成一个空电荷区，称为内建电场[147]，内建电场的方向由锐钛矿指向金红石，当二者费米能级相等时，扩散达到平衡。所以在异质结中，内建电场可以驱动电子运动和扩散的作用，促使电子和空穴分离。

本章通过两步共掺杂的方式制备了 TiO_2 与 La_x-F_{10}-TiO_2 的复合光催化剂，也形成了上述两种复合半导体的异质结。实验中由于掺杂引入的 La 离子的量非常少，所以认为所制备的 La_x-F_{10}-TiO_2 仍为 N 型半导体，由实验数据可知，在该类 N-N 型复合半导体中，随着镧掺杂量的增大，La_x-F_{10}-TiO_2 与 TiO_2 间费米能级的差也越大。而我们知道，费米能级本身可表示电子能量的高低，半导体内部费米能级之间的差异必然会引起半导体内部电子的定向流动，这种电子的迁移形成内建电场。

光催化实验中，掺杂样品无论在紫外还是可见光下，催化降解亚甲基蓝的效果都远优于纯 TiO_2，究其原因，纯 TiO_2 受到紫外光激发时，会产生一定数量的光生载流子，但由于电子和空穴运动的随机性，会有绝大多数的载流子在与污染物反应之前就复合了，所以紫外光下纯二氧化钛的降解效率非常低。而在 TiO_2 与 $La_x\text{-}F_{10}\text{-}TiO_2$ 的复合光催化剂中，即两步共掺杂 TiO_2 样品中，由于内建电场的存在，可以实现对于电子移动的定向驱动，可有效分离载流子，实现其催化降解有机物的功效。同时，实验数据表明，载流子浓度随着镧掺杂量的增加而增加，同时也发现载流子浓度大的样品，其催化活性也非常高，这可以从内建电场产生的原因剖析，由于内建电场是由于费米能级之间差异引起的，所以内建电场的强度必然会随着费米能级差的增大而增强，所以，随着两步共掺杂样品平带电势的不断正移，催化效果逐渐增强。

7.5 本章小结

本章通过两步法掺杂的方式，制备了多种 La-F 共掺杂的 TiO_2 光催化剂，通过结构、形貌、光学性能及催化性能等手段对产物进行了表征和分析，以电化学交流阻抗的方法对共掺杂 TiO_2 电极进行了电化学分析，利用莫特-肖特基方程计算半导体中载流子浓度及平带电位，为探讨催化机理提供内部电子结构的依据。主要得出以下结论：

① 所制得两步共掺杂 $La_x\text{-}F_{10}\text{-}TiO_2$ 光催化剂仍是由锐钛矿型 TiO_2 组成，掺杂引起了 TiO_2 的晶格畸变和晶粒细化。两步共掺杂 TiO_2 的形貌为均匀的颗粒状产物，粒径 11nm 左右，较之于 La-F 共掺杂样品有一定的团聚和凝结。

② 样品的吸收边带均发生一定波长的红移，相应样品的禁带宽度均有所减小。主要是由于两步共掺杂样品颗粒粒径的减小所带来内部应力的增加，导致其能带结构改变，光吸收曲线发生红移。

③ 两步共掺杂样品表现了良好的催化性能。可见光下，120min 时对亚甲基蓝的降解率均可达到 70% 以上；300W 可见光下，可以实现亚甲基蓝的快速有效降解，当降解时间为 60min 时，共掺杂样品对于亚甲基蓝的降解率均达到 90% 以上，降解时间为 120min 时，降解率都达到了 96% 以上，$D\text{-}La_{1.0}\text{-}F_{10}\text{-}TiO_2$、$D\text{-}La_{1.5}\text{-}F_{10}\text{-}TiO_2$ 和 $D\text{-}La_{2.0}\text{-}F_{10}\text{-}TiO_2$ 的降解率分别达到 96.08%、97.66% 和 97.31%。

④ 电化学交流阻抗实验表明，两步共掺杂 TiO_2 较之于纯 TiO_2，随着 La

掺杂量的不断增加，其平带电位不断正移，且载流子浓度逐渐增加，D-La$_{2.0}$-F$_{10}$-TiO$_2$ 的 V_{fb} 移动到 $-0.32V$，其 N_D 增加到了 $1.6 \times 10^{20} cm^{-3}$。

⑤ 两步共掺杂样品优良的光催化活性及高的载流子浓度，是由于两步共掺杂样品本身形成了 N-N 异质结，费米能级不同的半导体内部形成的内建电场，会对载流子形成内在的定向驱动力，促使其有效分离，从而增强光催化活性。

第8章

絮凝回收稀土改性二氧化钛基础研究

8.1 引言

在水处理中，通过添加化学试剂使分散的颗粒聚集形成大颗粒而发生沉降的过程称为絮凝，过程添加的具有絮凝作用的化学试剂称为絮凝剂。絮凝是水处理过程中必不可少的、非常重要的环节，絮凝作用的对象主要是水中的悬浮颗粒物[174]。

絮凝作用的基本原理是：絮凝剂使水中分散的胶体颗粒与溶解态絮凝剂间产生化学吸附、电中和及连接架桥作用，在搅拌的作用下加强其碰撞结合，从而形成较大的絮体颗粒而迅速沉降，达到加速混浊水净化的作用。所以，絮凝过程实际上是絮凝剂与颗粒污染物间的复杂的化学相互作用过程[175]。

在众多絮凝剂中，聚合氯化铝（PAC）具有絮体形成快、沉淀速度高、对原水适应性强且成本低廉等优势，成为絮凝剂市场的主流产品。研究表明，絮凝剂中的关键絮凝成分 $5AlCl_3 \cdot 8Al(OH)_3 \cdot 37.5H_2O$（简记 Al_{13}）含量增加时，既可以提高絮凝效果，又可以减小絮凝剂的投加量[176,177]。尽管 PAC 絮凝法在水处理中广泛使用，但将其用于 TiO_2 光催化剂的回收再利用，以及光催化剂的后处理中还很少。

借鉴 PAC 去除水中悬浮污染物的成功经验，将 PAC 絮凝剂用于光催化处理中，后续光催化剂与水的分离以及催化剂的回收回用中，因为 TiO_2 在水中的粒径分布在 $150 \sim 800nm$[178]，呈胶体状态存在，属于典型的胶体分散体系，使用絮凝剂可对其进行絮凝沉淀分离，可以达到快速高效地从水中回收光催化剂的目的。絮凝法处理水中悬浮颗粒或胶状污染物，具有简便易行、高效快速等优点。同时，由于絮凝剂是在光催化反应的结束阶段使用，因此光催化剂既可以保持原粉末型光催化剂比表面积大的优点，又克服了小尺寸粉末状光催化剂难以与水分离、能耗高的缺点。

自制高 Al_{13} 含量的 PAC 作为絮凝剂，通过考察回收此类催化剂时絮凝剂的投加量，确定实验条件。并通过设计光催化剂的重复使用实验方法，考察光催化剂使用次数与降解效率之间的关系，为光催化剂的使用寿命提供依据。同时结合催化剂的结构，提出光催化剂的结构对于回用时性能下降的影响。

8.2　絮凝剂的制备

按照中国专利 CN1673089A[179] 中所述的方法制备高 Al_{13} 含量的 PAC 絮凝剂，用于 TiO_2 光催化剂与水的分离与回收中。制备过程依据的是相图理论，采用相图控制法，根据 Al-$AlCl_3$-H_2O 三元相图，在一定浓度的 $AlCl_3$ 溶液中缓慢投加 Al 粉来调节体系的组成到预定产物的析出区域，通过调节 H_2O 的量来控制产物的结晶析出。具体制备方法如下：在 $1.5 \sim 2.0 mol/L$ 的氯化铝溶液中，缓慢逐步将预定量的铝粉或铝片投加进去，按照与 $AlCl_3$ 的摩尔比为 14：25 的量进行投加。铝粉溶解完全后，将体系的不溶物或残渣过滤掉，滤液放置在 25℃ 的条件下缓慢蒸发，监测母液组成，当体系大部分产物析出后，固液分离，用无水乙醇-丙酮混合溶剂洗涤结晶 2～3 次，置红外灯下干燥，密封保存待用。所得产物的物相组成如图 8-1 所示。

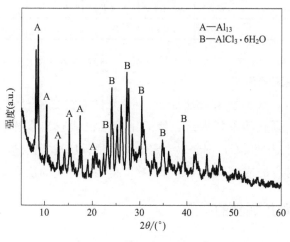

图 8-1　PAC 的 XRD 谱图

由图 8-1 可以看出，所制 PAC 产品由 Al_{13} 和 $AlCl_3 \cdot 6H_2O$ 两种物质组成，Al_{13} 所对应的衍射峰尖锐且强度高，说明产物中的 Al_{13} 晶型良好且含量较高。其中的 $AlCl_3 \cdot 6H_2O$ 由于含有结晶水，结晶良好，衍射谱中也出现了明锐的尖峰。产物 PAC 的 XRD 谱图说明在该产物中，关键絮凝成分 Al_{13} 含量较高，可以实现对颗粒物的有效絮凝。

8.3 絮凝法回收光催化剂

8.3.1 絮凝实验中浊度的测定

(1) 浊度标准曲线的绘制

10.0g/L 的硫酸肼 $[(NH_2)_2SO_4]$ 溶液记为 A 液；100.0g/L 的六次甲基四胺 $[(CH_2)_6N_4]$ 溶液记为 B 液；分别取 5.00mL 的 A 液和 5.00mL 的 B 液于 100mL 容量瓶中，混匀，室温下反应 24h 后，定容，混匀，记为 C 液，其浊度为 400 度 (NTU)[84]。

标准曲线绘制：分别移取 C 液 0.00mL，0.50mL，1.25mL，2.50mL，5.00mL，10.00mL，12.50mL 于 50mL 比色管中，加水至标线。摇匀后即得浊度为 0.0、4.0、10.0、20.0、40.0、80.0、100.0 的标准系列。在 660nm 波长处，用 1cm 比色皿测其吸光度，数据见表 8-1，标准曲线如图 8-2 所示。

表 8-1　浊度标准曲线数据

贮备液/mL	0.00	0.50	1.25	2.50	5.00	10.00	12.50
吸光度/Abs	0.000	0.005	0.015	0.028	0.054	0.112	0.138
浊度/NTU	0.0	4.0	10.0	20.0	40.0	80.0	100.0

拟合方程：$y = 0.00138x + 3.89 \times 10^{-5}$，$R = 0.99968$。

(2) 水样浊度的测定

絮凝结束后，取上层清液液面下 2cm 处的水测定其浊度，如果浊度在 100NTU 以内，则直接取样测定，然后由标准曲线查出水样对应的浊度值。如水样浊度超过 100NTU，则分取一定的水样稀释后进行测量，然后再由标准曲线查出水样对应的浊度，乘以稀释倍数即得水样对应的浊度值。

8.3.2 絮凝剂投加量的确定

取 6 份质量分别为 0.5g 的 TiO_2 光催化剂于 6 个 500mL 大烧杯中，向其

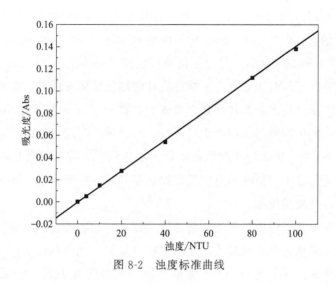

图 8-2　浊度标准曲线

中分别加入 500mL 自来水，电动搅拌 2h 后，在搅拌的条件下分别向烧杯中同时投加已经预先称量好的 5mg、10mg、20mg、40mg、60mg 和 80mg 的 PAC 絮凝剂，投加完毕后，继续对体系快速搅拌（200r/min 左右）1min，然后再慢速搅拌（40r/min 左右）15min，后停止搅拌，静置沉降 30min。从上层清液的液面之下 1cm 处吸取清液，采用分光光度法，在 680nm 波长处测定清液的浊度，从浊度标准曲线读出絮凝剂的最佳投加量。

在过程中，快速搅拌的目的是，使投加进入体系的絮凝剂快速均匀分散在水当中，之后改用慢速搅拌，以保证絮凝剂在水中可以有足够的与颗粒污染物接触的时间，并保证形成的大块絮体不被打散，从而有利于其凝结沉降。后续的静置过程是让形成的絮体有充足的时间靠重力作用沉降到烧杯底部，实现颗粒污染物与水的分离。

8.3.3　絮凝回收光催化剂重复利用的方法

絮凝回收采用 500mL 烧杯试验进行。称取 0.5g 掺杂型 TiO_2 光催化剂，投加到 250mL、浓度为 20mg/L 的亚甲基蓝溶液中，此时光催化剂的浓度为 2g/L，在一定光源（本实验选用 15W 紫外灯和 300W 氙灯两种光源）下进行 120min 的光催化降解实验，并考察亚甲基蓝的降解率随时间的变化。

一个光催化周期结束后，将光催化结束的含催化剂水样全部转移至 500mL 烧杯中，用自来水稀释一倍，即：使固体催化剂浓度达到絮凝时的浓度条件，为 1g/L。电动搅拌 10min 后，在快速搅拌的条件下，按照絮凝剂浓度 10mg/L 的量投加 PAC 絮凝剂，继续快速搅拌 1min，然后慢速搅拌 15min，静置沉降 30min 后，将上层清液倾倒掉，继续沉降 20min 后，再次倾倒上层清液，在倾倒时注意务必不能将烧杯底部的絮体等倒出。最后将烧杯底部剩余的絮体及少量水全部转移到蒸发皿中，置 90℃ 干燥箱干燥 5h 后，将干燥好的回收光催化剂进行研碎处理后进行二次光催化利用。如此反复 6 次，考察回收掺杂型 TiO$_2$ 的降解率随回收次数的变化情况，评价光催化剂的使用寿命。多次重复实验中，始终不再新添加掺杂型 TiO$_2$ 光催化剂，絮凝剂投加量始终按照最佳投加量投加。

回收过程中若出现由于蒸发皿沾污损失较多，回收催化剂质量变少的情况时，可以通过调整光催化剂时使用亚甲基蓝溶液的体积进行校正，过程中始终要保证的条件是：光催化剂在亚甲基蓝溶液中的浓度为 2g/L，絮凝沉降时溶液中光催化剂颗粒的浓度为 1g/L。

8.4 絮凝回收对光催化材料的影响研究

8.4.1 絮凝剂投加量与剩余浊度的关系

絮凝剂的投加量不同时对于剩余浊度的影响如图 8-3 所示。

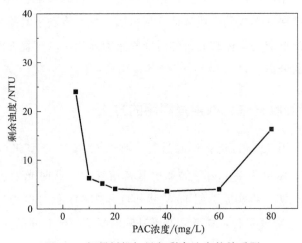

图 8-3 絮凝剂投加量与剩余浊度的关系图

由图 8-3 可知，在使用 PAC 絮凝剂进行粉末 TiO_2 光催化剂的回收时，絮凝剂的投加量存在最佳值，小于或大于最佳投加量时，余水的剩余浊度都较高。絮凝实验中，絮凝剂的投加量在适宜的范围内（10～60mg/L）时，体系矾花生成速度快、矾花颗粒粗大、下沉速度也很快，而当絮凝剂的投加量为 5mg/L 时，虽然絮凝剂也能够将体系的颗粒浊度降低，但由于生成的絮体较小，沉降速度也很慢，所以在实验规定的时间内，剩余浊度仍较高，同时，投加量较小时，电中和导致的胶粒凝聚不明显，絮凝回收效果较差。当絮凝剂的投加量增大到 80mg/L 时，虽然聚集体颗粒的平均直径有所增大，但因电荷反号而导致胶粒重新稳定，使得絮凝回收效果下降，不溶的产品分散在水中也会导致浊度的增加。实验中，絮凝剂投加量在 10～60mg/L 范围内时，水样的剩余浊度基本上都可以接近零，从经济和环保的角度考虑，本实验确定絮凝剂的最佳投加量为 10mg/L，后续絮凝回收均采用 10mg/L 的絮凝剂投加量。

8.4.2　光催化剂絮凝回收及寿命评价

在絮凝剂的投加量为 10mg/L 时，即最佳投加量条件下，对稀土掺杂改性 TiO_2 进行絮凝回收实验，考察不同回收次数后，光催化剂回用的重复使用寿命。以 15W 紫外灯为光源，120min 时对亚甲基蓝的降解率为考察指标，$La_{1.5}$-TiO_2 和 $La_{1.5}$-B_{20}-TiO_2 催化剂采用絮凝法回收时，图 8-4（a）和（b）分别表示其重复使用次数与对亚甲基蓝降解率的关系图。

由图 8-4 可以明显看出，经过实验所制 PAC 絮凝剂絮凝回收 La 掺杂

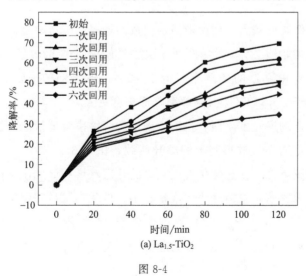

(a) $La_{1.5}$-TiO_2

图 8-4

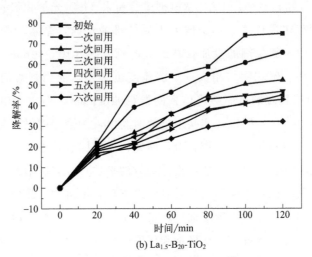

(b) $La_{1.5}\text{-}B_{20}\text{-}TiO_2$

图 8-4　紫外光下催化剂回用次数对降解率的影响

TiO_2 光催化剂的重复使用中，两种催化剂的结果都是亚甲基蓝的降解率随着回用次数的增加而逐渐降低。对于 La 单独掺杂的 $La_{1.5}\text{-}TiO_2$ 样品而言，图中表现出的规律是：不同曲线间的间隔基本相同，回归到实际应用中就是回收光催化剂回用次数每增加一次，对亚甲基蓝降解率的降低幅度基本相同，降解率由初始值 69.6% 降低到 6 次重复使用时 34.66%，平均每回收一次，降解率降低近 6 个百分点，但回用 6 次后对亚甲基蓝的降解率仍大于纯 TiO_2，在经过 6 次回用后活性失去了近 50%。

　　图 8-4(b) 所示 $La_{1.5}\text{-}B_{20}\text{-}TiO_2$ 光催化剂回用情况，回用第一次和第二次时，降解率降低幅度较大，后面随回用次数的增多，降解率降低的幅度相对减小。降解率由初始值 74.78% 降低到 6 次重复使用时的 32.11%，经过 6 次重复回用后，对亚甲基蓝的降解率降低了 42%，催化剂的活性失去了一半多 (57%)，较之于 $La_{1.5}\text{-}TiO_2$ 其降解率降低幅度更大。

　　两种光催化剂通过絮凝回收，所表现出的降解率降低情况的差别，主要是由于两种光催化剂在组成形貌上的差异所致，由 3.3.2 节中 $La_{1.5}\text{-}TiO_2$ 的场发射扫描电镜图可知，该光催化剂以较厚的片层状堆积而成，整体光催化剂的片层较厚，叠放紧密，整体看块状堆积较多，催化剂颗粒间留出的空隙和通道较少。相对而言，$La_{1.5}\text{-}B_{20}\text{-}TiO_2$ 光催化剂形貌结构较为蓬松，片层结构较为饱满，催化剂粒子间的通道相对较为通畅，容易受到外来离子或环境的影响和进入。

在 PAC 絮凝回收光催化剂时，遇水其本身会发生部分水解，其中的 Al 水解生成氢氧化物，胶状的氢氧化铝会进入光催化剂的孔道和间隙中覆盖在其表面，随着光催化剂絮凝回收次数的增大，覆盖沉积在光催化剂表面的杂质会越积越多，必然会阻碍 TiO_2 对光的吸收和利用，从而使其光催化活性降低。絮凝剂水解产物对于光催化剂表面的覆盖和遮挡作用，同样与光催化剂的结构形貌息息相关。

在上述两种光催化剂中，堆积程度较为致密，结构中通道较少的 La 单掺杂样品 $La_{1.5}$-TiO_2 受到絮凝剂水解产物的影响必然会更小一些。而对于结构中颗粒堆积蓬松、比表面积更大的 $La_{1.5}$-B_{20}-TiO_2 光催化剂，受到絮凝剂水解产物的影响就会更大一些，这也解释了在图 8-4 中，图 8-4（b）所表示的 $La_{1.5}$-B_{20}-TiO_2 降解率降低程度更大的内在原因。同时在絮凝回收过程中，光催化剂形貌上的改变、本身粒子之间的团聚、光催化剂的少量流失等因素，也都会导致光催化剂降解率的降低。

图 8-5 表示的是 300W 可见光降解条件下，两步共掺杂光催化剂 D-$La_{1.0}$-F_{10}-TiO_2 和共掺杂光催化剂 $La_{1.5}$-F_{10}-TiO_2 重复使用次数与对亚甲基蓝降解率的关系图。

图中所示两种镧-氟共掺杂光催化剂对亚甲基蓝的降解率，同样呈现出随回用次数的增多降解率下降的规律。图 8-5（a）所表达的两步共掺杂光催化剂 D-$La_{1.0}$-F_{10}-TiO_2 在该条件下回收回用时，对亚甲基蓝的降解率由初始的降解率值 96.08%，通过 6 次回用后降解率值降低到 36.1%，降解率值降低了

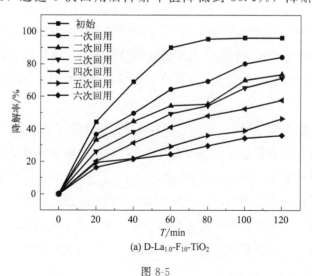

(a) D-$La_{1.0}$-F_{10}-TiO_2

图 8-5

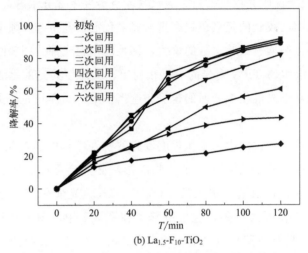

(b) La$_{1.5}$-F$_{10}$-TiO$_2$

图 8-5　可见光下催化剂回用次数对降解率的影响

60%，换算后也就是光催化剂的催化活性丧失了 62%。图 8-5(b) 所表示的共掺杂光催化剂 La$_{1.5}$-F$_{10}$-TiO$_2$ 在同样情况下回收回用时，对亚甲基蓝的降解率由初始的降解率值 91.63%，通过 6 次回用后降解率值降低到 27.29%，降解率值降低了 64%，换算后光催化剂的催化活性丧失了 70%，此时光催化剂的催化活性已经小于纯 TiO$_2$ 的催化活性，已无实际使用价值。

　　两种催化剂结果对比而言，共掺杂样品降解率值的降低值更多，降低速度更快，这同样可以归因于两种光催化剂结构形貌的差异。由于两步共掺杂样品在制备过程中，是通过共掺杂样品作为原料进行制备的，从根源上来讲，在两步共掺杂样品中，组成中的一部分相当于经历了两次制备过程的烘干、焙烧等环节，必然会导致两步共掺杂样品中的这部分组成结构更加致密和粘连，结构中的孔道和间隙也会减小。这一点从前面两步共掺杂样品的 SEM 图中可以明显看出。

　　两步共掺杂光催化剂 D-La$_{1.0}$-F$_{10}$-TiO$_2$ 的 SEM 图表明，该光催化剂结构中的颗粒发生了团聚和粘连，结构堆积紧密，颗粒之间的界限较为模糊，光催化剂内部的通道减少。而从共掺杂样品 La$_{1.5}$-F$_{10}$-TiO$_2$ 的 SEM 图可以清晰地看出，样品颗粒间分散均匀，几乎少有团聚，颗粒呈近球状结构，这种结构必然会在催化剂内部留出足够多的通道和空隙，所以可以提供较大的比表面积，也就有较多的、可能受絮凝产物影响的暴露面，使其在回收利用时降解率下降更多。

8.4.3　回用对光催化剂形貌的影响

从 PAC 絮凝剂的絮凝原理来看，絮凝剂在投加到水中时，首先会发生部分水解，主要组成元素 Al 部分水解后形成难溶的胶状沉淀氢氧化铝，与体系中的其他水解产物形成类似大网状的结构，对水中的颗粒污染物起到卷扫和清除的作用。所以，在絮凝回收二氧化钛类光催化剂时，絮凝剂的水解产物在絮凝过程中必然会与光催化剂接触而进入到其结构空隙中，胶状的水解产物覆盖在光催化剂的表面，阻碍它与污染物有效接触、对光的顺利吸收，最终降低其催化活性。所以，在絮凝回收光催化剂时，絮凝回收产物的寿命与光催化剂本身的结构形貌关系非常密切，通过上述实验，我们也发现，絮凝回收 TiO_2 类光催化剂的颗粒分布越分散均匀，比表面积越大，在絮凝后其降解率的降低会越明显。

在紫外光下，$La_{1.5}$-TiO_2 催化剂重复使用六次后，其形貌对比如图 8-6 所示，图 8-6(a) 表示使用前，图 8-6(b) 是经过六次回用后的形貌图；$La_{1.5}$-B_{20}-TiO_2 催化剂重复使用六次后，其形貌对比如图 8-7 所示，图 8-7(a) 表示使用前，图 8-7(b) 是经过六次回用后的形貌图。

(a)　　　　　　　　　　　　　　　(b)

图 8-6　六次重复使用对 $La_{1.5}$-TiO_2 形貌的影响

由图 8-6 和图8-7 所示掺杂光催化剂使用前后的形貌对比图可以明显看出，掺杂型光催化剂经过 6 次重复使用后，其形貌结构发生了较大变化，颗粒和片层之间的团聚和连接更为致密。这主要是由于在催化剂使用过程中，絮凝剂将催化剂颗粒絮凝、团聚后沉降，在这个过程中多次重复导致光催化剂颗粒团聚。同时在光催化剂回收过程中，也发生了多次加热蒸干的步骤，也会使得光催化剂发生一定程度的团聚和聚合。

图 8-7　六次重复使用对 $La_{1.5}$-B_{20}-TiO_2 形貌的影响

在可见光下，$La_{1.5}$-F_{10}-TiO_2 催化剂重复使用六次后，其形貌对比如图 8-8 所示，图 8-8(a) 表示使用前，图 8-8(b) 是经过六次回用后的形貌图；D-$La_{1.0}$-F_{10}-TiO_2 催化剂重复使用六次后，其形貌对比如图 8-9 所示，图 8-9(a) 表示使用前，图 8-9(b) 是经过六次回用后的形貌图。

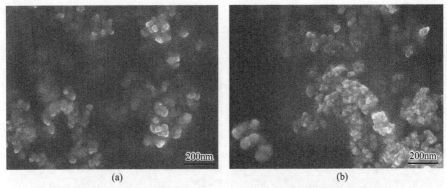

图 8-8　六次重复使用对 $La_{1.5}$-F_{10}-TiO_2 催化剂形貌的影响

由图 8-6～图 8-9 所示掺杂型光催化剂使用前后的形貌对比图可以明显看出，掺杂型光催化剂经过 6 次重复使用后，其形貌结构发生了较大变化，颗粒和片层之间的团聚和连接更为致密。这主要是由于在催化剂使用过程中，絮凝剂将催化剂颗粒絮凝、团聚后沉降，在这个过程中多次重复导致光催化剂颗粒团聚。同时在光催化剂回收过程中，也发生了多次加热蒸干的步骤，也会使得光催化剂发生一定程度的团聚和聚合。

光催化剂回收导致的性能下降，与其在回收处理时造成的颗粒聚集也有很大关系。在絮凝回收中，絮凝剂将小颗粒的光催化剂，通过凝结、沉降的方式

(a)　　　　　　　　　　　　　　　　(b)

图 8-9　六次重复使用对 $D-La_{1.0}-F_{10}-TiO_2$ 催化剂形貌的影响

聚集，必然会增加光催化剂颗粒之间的聚集，使其颗粒团聚加剧。絮凝剂水解产物还会对小颗粒的光催化剂形成包裹和黏结，也会使其粒径增大。同时，在絮凝回收之后进行的絮体蒸干环节，光催化剂多次经历长时间的 90℃ 加热环境，这种高能量的状态也必然会带来光催化剂粒径的增大和颗粒间的聚合。

　　上述四种不同 La 掺杂 TiO_2 光催化剂不论是在紫外光下，还是可见光下，对于亚甲基蓝的降解率，都是随着回用次数的增多而明显下降，在实验考察的 6 次回用中，选用的四种镧掺杂催化剂对亚甲基蓝的降解率都已经降到了很低的程度，约 30% 以下。而综合四种催化剂降解率的数据来看，回用 3 次后，对亚甲基蓝的降解率值仍基本保持在较高的水平，紫外光下约 60%，可见光下约 70%，所以得出结论，使用本书提出的絮凝法回收 La 掺杂二氧化钛类光催化剂的使用寿命为 3 次较为实际和合理。

8.5　本章小结

　　本章尝试使用絮凝法回收粉末型稀土掺杂纳米二氧化钛类光催化剂，通过探讨絮凝剂的投加量、絮凝回收光催化剂重复利用方法的评价和试验，对该类光催化剂的回收回用提供了简明的思路和方法。主要得出以下结论：

　　① 采用相图控制的方法，制备出了高 Al_{13} 含量的 PAC 絮凝剂，在水中去除浊度时存在最佳投加量，通过实验，过大或过小的絮凝剂投加量都会使剩余水的浊度较高，结合成本考虑，本实验所得絮凝剂的最佳投加量为 10mg/L。

　　② 选用四种不同 La 掺杂二氧化钛光催化剂：$La_{1.5}-TiO_2$、$La_{1.5}-B_{20}-TiO_2$、

D-La$_{1.0}$-F$_{10}$-TiO$_2$ 和 La$_{1.5}$-F$_{10}$-TiO$_2$，利用絮凝法进行回用实验，4 种光催化剂对亚甲基蓝的降解率都随着回用次数的增多而明显下降，不同催化剂之间下降的程度和幅度在不同光源下均有所不同。

③ 紫外光降解条件下，La$_{1.5}$-TiO$_2$ 降解率由初始值 69.6% 降低到 6 次重复使用的降解率 34.66%，光催化剂活性失去 50%。La$_{1.5}$-B$_{20}$-TiO$_2$ 光催化剂降解率由初始值 74.78% 降低到 6 次重复使用的降解率 32.11%，活性失去了 57%，较之于 La$_{1.5}$-TiO$_2$ 其降解率降低幅度更大。

④ 可见光降解条件下，D-La$_{1.0}$-F$_{10}$-TiO$_2$ 对亚甲基蓝的降解率由 96.08% 降低到回用 6 次的 36.1%，光催化剂的催化活性丧失了 62%；La$_{1.5}$-F$_{10}$-TiO$_2$ 对亚甲基蓝的降解率由 91.63% 降低到 6 次回用的 27.29%，催化活性丧失了 70%。光催化剂在回用 3 次时，基本能够保留原光催化剂降解性能上的优势。

⑤ 经过 6 次回收使用后，不同掺杂光催化剂的颗粒都发生了明显的团聚，光催化剂降解性能的下降与其形貌结构密切相关，形貌分布均匀，颗粒叠放不紧密，比表面积较大的光催化剂回收时降解率下降更多。

参 考 文 献

［1］ 黄泳诗．活性纳米颗粒杂化膜的制备及其水处理性能研究［D］．广州：广州大学，2023．

［2］ 苏冰琴，崔玉川．水质处理新技术［M］．北京：化学工业出版社，2022．

［3］ 姬明飞．水污染治理技术多维研究［M］．北京：化学工业出版社，2023．

［4］ Fujishima A，Honda K. Electrochemical photolysis of water at a semiconductor electrode［J］．Nature，1972，238：37-38.

［5］ Zhou Y Y M，Zhang Q X，Shi X L. Photocatalytic reduction of CO_2 into CH_4 over Ru-doped TiO_2：Synergy of Ru and oxygen vacancies［J］．Journal of Colloid and Interface Science，2021，608（p3）：2809-2819.

［6］ Li Z J，Yu X C，Fu J Y，et al. Study on removal of oxytetracycline hydrochloride in marine aquaculture wastewater by $Zn_{0.75}Mn_{0.75}Fe_{1.5}O_4/ZnFe_2O_4/ZnO$ photocatalyst［J］．Water and Environment Journal，2021，35（4）：1293-1301.

［7］ 马润东，安胜利，王瑞芬，等．$MoS_2/g\text{-}C_3N_4$ S型异质结的构建及光催化性能研究［J］．无机材料学报，2023，38（10）：1176-1182.

［8］ 高铭泽．$MOFs/g\text{-}C_3N_4$ 异质结材料的制备及其光解水性能研究［D］．大连：大连理工大学，2021．

［9］ Chen R H，Ding S Y，Fu N，et al. Preparation of a $g\text{-}C_3N_4/Ag_3PO_4$ composite Z-type photocatalyst and photocatalytic degradation of Ofloxacin：Degradation performance，reaction mechanism，degradation pathway and toxicity evaluation［J］．Key Engineering Materials，Journal of Environmental Chemical Engineering，2023，11（2）：109440.

［10］ 朱永法，姚文清，宗瑞隆．光催化：环境净化与绿色能源应用探索［M］．北京：化学工业出版社，2015．

［11］ Duan C L，Song J L，Wang R F，et al. Lactic acid assisted solvothermal synthesis of $BiOCl_xI_{1-x}$ solid solutions as excellent visible light photocatalysts. Chemical Research in Chinese Universities，2019，35（2）：277-284.

［12］ 王羿．$TiO_2/CdSe$ 异质结光催化和抗光腐蚀性能的研究［D］．太原：太原理工大学，2019．

［13］ Ma Y W，Wang R F，Hai G T，et al. Enhanced visible light photocatalytic hydrogen evolution by Ni cations precise institute S anion in CdS and P ions targeted linking with Ni［J］．Fuel，2023，355（129413）：129413.

［14］ 夏慧莹．ZnO 基双组分复合光催化剂的制备、表征及性能研究［D］．邯郸：河北工程大学，2015．

［15］ Wen J Q，Xie J，Chen X B，et al. A review on $g\text{-}C_3N_4$-based photocatalysts［J］．Applied Surface Science，2017，391（Part. B）：72-123.

［16］ Wang Y G，Xia Q N，Bai X，et al. Carbothermal activation synthesis of 3D porous $g\text{-}C_3N_4$/carbon nanosheets composite with superior performance for CO_2 photoreduction［J］．Applied Catalysis B：

Environmental，2018，239（30）：196-203.

[17] 王瑞芬，王福明，杜强，等. 钇掺杂纳米 TiO_2 的制备及其降解甲基橙研究 ［J］. 内蒙古科技大学学报，2013，32（4）：334-338.

[18] Sasanka P，Haritha B S，Kumudu R N，et al. Recent development and future prospects of TiO_2 photocatalysis ［J］. Journal of the Chinese Chemical Society，2021，68（5）：738-769.

[19] Hu Y，Pan C，Gao C X，et al. Photocatalytic Water Splitting over Ag/TiO_2 Nano-Wire Films ［J］. Applied Mechanics and Materials，2014，665（5）：288-291.

[20] Xiao J，Yang W Y，Gao S，et al. Fabrication of ultrafine $ZnFe_2O_4$ nanoparticles for efficient photocatalytic reduction CO_2 under visible light illumination ［J］. Journal of Materials Science &lamp；Technology，2018，34（12）：2331-2336.

[21] 郭雄，王瑞芬，安胜利，等. 石墨烯材料/g-C_3N_4 复合光催化剂的构建及光催化性能研究 ［J］. 功能材料，2022，53（11）：11198-11205.

[22] Dey S，Masero F，Brack E，et al. Electrocatalytic metal hydride generation using CPET mediators，Nature，2022，607，499-506.

[23] Halmaxin M. Photoelectrochemical reduction of aqueous carbon dioxide on P-type gallium phosphide in liquid junction solar cells ［J］. Nature，1978，275：115-116.

[24] 王欢，李鹏艳，韩炳旭. 新型光催化还原 CO_2 材料的研究进展 ［J］. 山东化工，2020，49（7）：77-79.

[25] Fu J W，Jiang K X，Qiu X Q，et al. Product selectivity of photocatalytic CO_2 reduction reactions ［J］. Materials Today，2020，32：222-243.

[26] 吴文远，边雪. 稀土冶金技术 ［M］. 北京：科学出版社，2014.

[27] 徐光宪. 稀土（下册）［M］. 第 2 版. 北京：冶金工业出版社，1995.

[28] Shen C，Pang K，Du L，et al. Green synthesis and enhanced photocatalytic activity of Ce-doped-TiO_2 nanoparticles supported on porous glass ［J］. Particuology，2017，34：103-109.

[29] Huang Y C，Long B，Tang M N，et al. Bifunctional catalytic material：An ultrastable and high-performance surface defect CeO_2 nanosheets for formaldehyde thermal oxidation and photocatalytic oxidation ［J］. Applied Catalysis B：Environmental，2016，181：779-787.

[30] Liu HH，Li Y Z，Yang Y，et al. Highly efficient UV-Vis-infrared catalytic purification of benzene on $CeMn_xO_y$/TiO_2 nanocomposite，caused by its high thermocatalytic activity and strong absorption in the full solar spectrum region ［J］. Journal of Materials Chemistry A，2016，4：9890-9899.

[31] Wu M Y，Leng D Y C，Zhang Y G，et al. Toluene degradation over Mn-TiO_2/CeO_2 composite catalyst under vacuum ultraviolet（VUV）irradiation ［J］. Chemical Engineering Science，2019，195：985-994.

[32] Wang J Y，Han F M，Rao Y F，et al. Visible-light-driven nitrogen-doped carbon quantum dots/$CaTiO_3$ composite catalyst withenhanced NO adsorption for NO removal ［J］. Industrial &· Engi-

neering Chemistry Research，2018，57（31）：10226-10233.

［33］ Duan Y Y，Luo J M，Zhou S C，et al. TiO$_2$-supported Ag nanoclusters with enhanced visible light activity for the photocatalyticremoval of NO［J］．Applied Catalysis B：Environmental，2018，234：206-212.

［34］ Wang Y G，Bai X，Wang F，et al．Nanocasting synthesis of chromium doped mesoporous CeO$_2$ with enhanced visible-lightphotocatalytic CO$_2$ reduction performance［J］．Journal of Hazardous Materials，2019，372：69-76.

［35］ Wang M，Shen M，Jin XX，et al. Mild generation of surface oxygen vacancies on CeO$_2$ for improved CO$_2$ photoreduction activity［J］．Nanoscale，2020，12：12374-12382.

［36］ Li W Q，Jin L，Gao F，et al. Advantageous roles of phosphate decorated octahedral CeO$_2$ {111} /g-C$_3$N$_4$ in boosting photocatalytic CO$_2$ reduction：Charge transfer bridge and Lewis basic site［J］．Appl Catal B：Environ，2021，294：120257.

［37］ 邹伟欣，于平平，董林．稀土铈基纳米材料在光催化消除环境污染物中的研究进展［J］．环境化学，2022，41（8）：2505-2515.

［38］ 廉帅唯．LaAlO$_3$ 型钙钛矿掺杂改性材料的制备及光催化性能研究［D］．西安：西安建筑科技大学，2019.

［39］ 高远鹏．银、氮修饰二氧化钛基纳米材料的制备、结构和可见光催化性能［D］．武汉：武汉大学，2013.

［40］ 刘守新，刘鸿．光催化剂光电催化基础与应用［M］．北京：化学工业出版社，2006.

［41］ 王瑞芬．稀土改性二氧化钛光催化剂的性能及机理研究［D］．北京：北京科技大学，2016.

［42］ Roy P，Kim D，Lee K，et al. TiO$_2$ nanotubes and their application in dye-sensitized solar cells［J］．Nanoscale，2010，2：45-49.

［43］ Tracy L，Thompson，John T，et al. Surface science studies of the photoactivation of TiO$_2$-New photochemical processes［J］．Chemical Reviews，2006，106（10）：4428-4453.

［44］ 陈超．碳改性 TiO$_2$ 及其块体结构的制备与可见光活性研究［D］．哈尔滨：哈尔滨工业大学，2011.

［45］ 安琳．过渡金属氧化物的活化转化与光解水制氢性能［D］．上海：东华大学，2022.

［46］ 王瑞芬，王福明，张胤，等．掺杂镧纳米 TiO$_2$ 的制备和结构表征［J］．稀土，2013，34（2）：38-41.

［47］ Song J L，Wang B Y，Wang R F，et al. Hierarchical nanostructured 3D flowerlike BiOX particles with excellent visible-light photocatalytic activity. Journal of nanopartical［J］．Research，2016，18（8）：245-255.

［48］ Wang R F，Shi K X，Huang D，et al. Synthesis and degradation kinetics of TiO$_2$/GO composites with highly efcient activity for adsorption and photocatalytic degradation of MB［J］．Scientific Reports，2019，9：18744.

［49］ Ding Z，Lu G Q，Greenfield P F. Role of the crystallite phase of TiO$_2$ in heterogeneous photocatalysis for phenol oxidation in water [J]. Journal of Physical Chemistry B, 2000, 104: 4815-4820.

[50] 谭敏, 方志杰, 王栋, 等. La-Ce 共掺杂锐钛矿 TiO_2 的缺陷形成能和电子结构分析 [J]. 原子与分子物理学报, 2022, 39 (3): 172-178.

[51] 王松. Fe 掺杂纳米 TiO_2 光催化空气净化无机涂料的制备及其性能研究 [D]. 兰州: 兰州交通大学, 2023.

[52] 施凯旋, 王瑞芬, 安胜利. 铈锆共掺杂对二氧化钛光催化性能的影响研究 [J]. 功能材料, 2020, 51 (5): 09104-09108.

[53] Wu F, Hu X Y, Fan J, et al. Photocatalytic activity of Ag/TiO$_2$ nanotube arrays enhanced by surface plasmon resonance and application in hydrogen evolution by water splitting [J]. Plasmonics, 2013, 8: 501-508.

[54] 宋金玲, 王瑞芬, 董忠平. Facile Synthesis of Amorphous Bi-Doped TiO_2 and Its Visible Light Photocatalytical Properties. Journal of nanoscience and nanotechnology [J]. 2017, 17 (8): 5318-5326.

[55] Choi W, Termin A, Hoffmann M R, et al. The role of metal ion dopants in quantum-sized TiO_2: correlation between photo reactivity and charge carrier recombination dynamics [J]. Journal of Physical Chemistry, 1994, 98 (51): 13669-13679.

[56] 张泽阳. TiO_2 纳米管阵列复合电极的制备及光电催化性能研究 [D]. 厦门: 厦门大学, 2020.

[57] 侯廷红. 稀土掺杂纳米 TiO_2 的结构和电子特性研究 [D]. 四川: 四川大学, 2006.

[58] Hua C H, Dong X L, Wang X Y, et al. The synergistic reaction of Ag deposition and Ce dopant to modify TiO_2-based nanomaterials for efficient light photocatalysis [J]. Functional materials letters, 2019, 12 (1): 1850095.

[59] 欧玉静, 石俊青, 赵丹, 等. 金属离子掺杂 TiO_2 光催化剂及其表征技术的研究进展 [J]. 功能材料, 2021, 52 (2): 2018-2024.

[60] Wang R F, Wang F M, An S L, et al. Y/Eu co-doped TiO_2: synthesis and photocatalytic activities under UV-light [J]. Journal of Rare Earths, 2015, 33 (2): 154-159.

[61] Stengl V, Bakardjieva S, Murafa N. Preparation and photocatalytic activity of rare earth doped TiO_2 nano-particles [J]. Materials Chemistry and Physics, 2009, 114 (1): 217-226.

[62] Tobald D M, Pullar R C, Sever Skapin A, et al. Visible light activated photocatalytic behavior of rare earth modified commercial TiO_2 [J]. Materials Research Bulletin, 2014, 50: 183-190.

[63] Li F B, Li X Z, Hou M F. Photocatalytic degradation of 2-mercaptobenzothiazole in aqueous La^{3+}-TiO_2 suspension for odor control [J]. Applied Catalysis B: Environmental, 2004, 48 (3): 185-194.

[64] 王瑞芬, 王福明, 安胜利, 等. 镧-氟共掺杂二氧化钛结构及催化性能研究 [J]. 稀有金属材料与工程, 2014, 43 (9): 2293-2296.

[65] 张蓉蓉. Mo^{6+}、Gd^{3+} 离子掺杂 TiO_2 纳米管阵列的制备与表征 [D]. 昆明: 昆明理工大

学，2023.

[66] 管志远，张晓伟，王觅堂，等.稀土元素铈钕共掺氧化锌对降解罗丹明 B 光催化性能的影响 [J].无机盐工业，2022，54（10）：155-162.

[67] Arasi S E，Madhavan J，Raj M V A，et al. Effect of samarium（Sm^{3+}）doping on structural，optical properties and photocatalytic activity of titanium dioxide nanoparticles [J]. Journal of Aaibah University for Science，2018，12（2）：186-190.

[68] Baran E，Yazici B. Effect of different nano-structured Ag doped TiO_2-NTs fabricated by electro-deposition on the electrocatalytic hydrogen production [J]. International Journal of Hydrogen Energy，2016，41：2498-2511.

[69] Cynthia S，Sagadevan S. Physicochemical and magnetic properties of pure and Fe doped TiO_2 nanoparticles synthesized by sol-gel method [J]. Materials Today-proceedings，2022，50：2720-2724.

[70] 王瑞芬，王福明，宋金玲，等.RE-B 共掺杂片层 TiO_2 的合成及其光催化性能 [J]. 物理化学学报，2016，32（2）：536-542.

[71] Asalli R，Morikawa T，Ohwaki T，et al. Visible-light photocatalysis in nitrogen-doped titanium oxides [J]. Science，2001，293：269-271.

[72] Sun，Z L，Khlusov I A，Evdokimov K E，et al. Nitrogen-doped titanium dioxide films fabricated via magnetron sputtering for vascular stent biocompatibility improvement [J]，Journal of Colloid and Interface Science，2022，626：101-112.

[73] Zhu X L，Song J L，Han P，et al. Facial precipitation fabrication of visible light driven nitrogen-doped graphene quantum dots decorated iodine bismuth oxide catalysts [J]. Colloids and Surfaces A：Physicochemical and Engineering Aspects，2022，633：127841.

[74] Maria V D，Elena S. Effects of the calcination temperature on the photoactivity of B and F-doped orcodoped TiO_2 in formic acid degradation [J]. Materials Science in Semiconductor Processing，2016，42：36-39.

[75] McManamon C，Connell J，Delaney P，et al. A facile route to synthesis of S-doped TiO_2 nanoparticles for photocatalytic activity [J]. Journal of Molecular Catalysis A：Chemical，2015，406：51-57.

[76] Zaleska A，Sobczak J W，Grabowska E，et al. Preparation and photocatalytic activity of boron-modified TiO_2 under UV and visible light [J]. Applied Catalysis B，2008，78（1-2）：92-100.

[77] Li J Y，Lu N，Quan X，et al. Facile method for fabricating boron-doped TiO_2 nanotube array with enhanced photoelectrocatalytic properties [J]. Industrial and Engineering Chemistry Research，2008，47：3804-3808.

[78] Yamaki T，Umebayashi T，Sumita T，et al. Fluorine doping in titanium dioxide by ion implantation technique [J]. Nuclear Instruments and Methods in Physics Research Section B，2003，206：254-258.

[79] 王瑞芬，宋金玲，王青春，等.RE-N-TiO_2 光催化剂的制备与光催化性能研究 [J]. 内蒙古科

技大学学报，2018，37（2）：147-150.

[80] Anisha R，Vasam E K K. Enhanced photocatalytic degradation of azo dye using rare-earth metal doped TiO_2 under visible light irradiation [J]. Indian Journal of Chemical Technology，2022，29 (5)：547-553.

[81] Lu X X，Dang Y L，Li M L，et al. Synergistic promotion of transition metal ion-exchange in TiO_2 nanoarray-based monolithic catalysts for the selective catalytic reduction of NO_x with NH_3 [J]. Catalysis Science & Technology，2022，12（17）：5397-5407.

[82] Jiang Z Y，Lin Y M，Mei T，et al. First-principles study of the electronic and optical properties of the（Eu，N）-codoped anatase TiO_2 photocatalyst [J]. Computational Materials Science，2013，68：234-237.

[83] Wang R F，An S L，Zhang J，et al. Existence form oflathanum and its improving mechanism of visible-light-driven La-F co-doped TiO_2 [J]. Journal of Rare Earths，2020，38：39-45.

[84] Li J J，Li B，Li J J，et al. Visible-light-driven photocatalyst of La-N-codoped TiO_2 nano-photocatalyst：fabrication and its enhanced photocatalytic performance and mechanism [J]. Journal of Industrial and Engineering Chemistry，2015，25：16-21.

[85] Ma Y F，Zhang J L，Tian B Z，et al. Synthesis and characterization of thermally stableSm，N co-doped TiO_2 with highly visible light activity [J]. Journal of Hazardous Materials，2010，182：386-393.

[86] Zhang J，Xu L J，Zhu Z Q，et al. Synthesis and properties of（Yb，N）-TiO_2 photocatalyst for degradation of methylene blue（MB）under visible light irradiation [J]. Materials Research Bulletin，2015，70：358-364.

[87] Wu Y P，Zhou Z H，Wang W，et al. A novel and facile method to synthesize crystalline-disordered core-shell anatase（La，F）-TiO_2 [J]. Materials Letters，2013，98：261-264.

[88] 陈其凤，姜东，徐耀，等．溶胶-凝胶-水热法制备 Ce-Si/TiO_2 及其可见光催化性能 [J]. 物理化学学报，2009，25（4）：617-623.

[89] Roongraung K，Cherevan A，Eder D，et al. CdS/TiO_2 nanostructures synthesized via the Silar method for enhanced photocatalytic glucose conversion and simultaneous hydrogen production under UV and simulated solar irradiation [J]. Catalysis Science & Technology，2014，13（19）：5556-5566.

[90] Qutub N，Singh P，Sabir S，et al. Enhanced photocatalytic degradation of Acid Blue dye using CdS/TiO_2 nanocomposite [J]. Science Reports，2022，12（1）：5759.

[91] Thi T D N，Nguyen L H，Nguyen X H，et al. Enhanced heterogeneous photocatalytic perozone degradation of amoxicillin by ZnO modified TiO_2 nanocomposites under visible light irradiation [J]. Materials Science in Semiconductor Processing，2022，142：106456.

[92] Amaral-Júnior J C，Mansur A A P，Carvalho I C，et al. Optically photoactive Cu-In-S@ZnS coreshell quantum dots/biopolymer sensitized TiO_2 nanostructures for sunlight energy harvesting [J]. Optical Materials，2021，121：111557.

[93] Hadjltaief H B，Zina M B，Galvez M E，et al. Photocatalytic degradation of methyl green dye in

aqueous solution over natural clay-supported ZnO-TiO$_2$ catalysts [J]. Journal of Photochemistry and Photobiology A：Chemistry，2016，315：25-33.

[94] Li H，Zhang W，Guan L X，et al. Visible light active TiO$_2$-ZnO composite films by cerium and fluorine codoping for photocatalytic decontamination [J]. Materials Science in Semiconductor Processing，2015，40：310-318.

[95] Dhanalekshmi K I，Umapathy M J，Magesan P，et al. Biomaterial (Garlic and Chitosan)-Doped WO$_3$-TiO$_2$ Hybrid Nanocomposites：Their Solar Light Photocatalytic and Antibacterial Activities [J]，Aca Omega，2020，5 (49)：31673-31683.

[96] Pei F B，Feng S S，Hu W，et al. A signal-off photoelectrochemical sandwich-type immunosensor based on WO$_3$/TiO$_2$ Z-scheme heterojunction [J]. Microchimica ACTA，2023，190 (10)：384.

[97] 喻黎明，刘建军，于迎春，等. 低温合成 TiO$_2$/Fe$_3$O$_4$ 磁载光催化剂的光催化性能研究 [J]. 北京化工大学学报（自然科学版），2011，38 (2)：63-68.

[98] Firtina-Ertis I，Kerkez-Kuyumcu Ö. Synthesis of NiFe$_2$O$_4$/TiO$_2$-Ag$^+$ S-scheme photocatalysts by a novel complex-assisted vapor thermal method for photocatalytic hydrogen production [J]. Journal of Photochemistry and Photobiology A-Chemistry，2022，432：114106.

[99] Bian X F，Hong K Q，Liu L Q，et al. Magnetically separable hybrid CdS-TiO$_2$-Fe$_3$O$_4$ nanomaterial：enhanced photocatalystic activity under UV and visible irradiation [J]. Applied Surface Science，2013，280：349-353.

[100] Lee K C，Choo K H. Optimization of flocculation conditions for the separation of TiO$_2$ particles in coagulation-photocatalysis hybrid water treatment [J]. Chemical Engineering and Processing：Process Intensification，2014，78：11-16.

[101] 徐丽凤. 悬浮体系纳米 TiO$_2$ 光催化剂的絮凝回收再利用研究 [D]. 兰州：兰州交通大学，2014.

[102] Moradkhanloo S K，Baghdadi M，Torabian A. Enhanced photocatalytic NOM removal in photo-assisted coagulation-flocculation process using TiO$_2$ nano-catalyst coated on settling tank [J]. International Journal of Environmental Science and Technology，2023，20 (4)：3661-3672.

[103] 常青. 絮凝原理与应用 [M]. 北京：化学工业出版社，2021.

[104] 赵海东. 结晶状铝十三的制备、表征及其絮凝他性研究 [D]. 呼和浩特：内蒙古大学，2005.

[105] Nguyen-Phan T D，Song M B，Kim E J，et al. The role of rare earth metals in lanthanide-incorporated mesoporous titania [J]. Microporous and Mesoporous Material，2009，119 (1-3)：290-298.

[106] Grujić-Brojčin M，Armaković S J，Tomić N，et al. Surface modification of sol-gel synthesized TiO$_2$ nanoparticles induced by La-doping [J]. Material Characterization，2014，88，30-41.

[107] 叶锡生，林东生，焦正宽，等. 纳米板钛矿基二氧化钛中的晶格畸变 [J]. 原子与分子物理学报，1999，16 (2)：258-262.

[108] 刘艳红，马晓光，朱丽叶，等. C/Tb 共掺杂 TiO$_2$ 光催化剂的制备及性能研究 [J]. 分子科学

学报，2022，38（6）：478-485.

[109] Xing M，Fang W，Nasir M，et al. Self-doped Ti^{3+}-enhanced TiO_2 nanoparticles with a high performance photocatalysis [J]. Journal Catalysis，2013，297：236-243.

[110] Wang H R，Sun T，Xu N，et al. 2D sodium titanate nanosheet encapsulated Ag_2O-TiO_2 p-n heterojunction photocatalyst：Improving photocatalytic activity by the enhanced adsorption capacity [J]. Ceamics international，2021，47（4）：4905-4913.

[111] 李中超. TiO_2/CoAl-LDH 的掺杂改性及光催化性能研究 [D]. 哈尔滨：哈尔滨工业大学，2021.

[112] 张红博. 掺杂改性 TiO_2 纳米复合催化剂的制备及光催化性能的研究 [D]. 兰州：兰州理工大学，2018.

[113] 王瑞芬，王福明，刘芳，等. Eu^{3+} 掺杂纳米 TiO_2 的制备及催化降解亚甲基蓝的研究 [J]. 材料导报，2014，28（1）：34-36.

[114] 任民，张玉军，刘素文，等. 稀土离子（La^{3+}、Y^{3+}）掺杂对纳米 TiO_2 光催化剂性能影响分析 [J]. 陶瓷，2006，7：26-29.

[115] 刘奎人，于会文，韩庆，等. 稀土掺杂 TiO_2 光催化材料的制备和性能 [J]. 材料研究学报，2006，20（5）：459-462.

[116] Choudhury B，Borah B，Choudhury A. Ce-Ndcodoping effect on the structural and optical properties of TiO_2 nanoparticles [J]. Materials Science and Engineering B，2013，178：239-247.

[117] 谭敏，方志杰，王栋. La-Ce 共掺杂锐钛矿 TiO_2 的缺陷形成能和电子结构分析 [J]. 原子与分子物理学报，2022，39（3）：172-178.

[118] Yan J K，Gan G Y，Du J H，et al. Formation mechanism of secondary phase in（La，Nb）codoped TiO_2 ceramics varistor [J]. Procedia Engineering，2012，27：1271-1283.

[119] Shi H X，Zhang T Y，Wang H L. Preparation and photocatalytic activity of La^{3+} and Eu^{3+} co-doped TiO_2 nanoparticles：photo-assisted degradation of methylene blue [J]. Jounal of Rare Earths，2011，29（8）：746-752.

[120] 王大刚，周亚训，戴世勋，等. Er^{3+}/Ce^{3+} 共掺 TeO_2-Bi_2O_3-TiO_2 玻璃的热稳定性和光谱特性研究 [J]. 光子学报，2010，39（3）：464-469.

[121] Shi Y J，Guo X L，Shi Z N，et al. Transition metaldoping effect and high catalytic activity of CeO_2-TiO_2 for chlorinated VOCs degradation [J]. Journal of Rare Earth，2022，40（5）：745-752.

[122] 贾徐锦.（Yb，N）-TiO_2 光催化剂的制备及其可见光催化降解盐酸金霉素的研究 [D]. 南昌：南昌大学，2023.

[123] 吴俊明，王亚平，杨汉培，等. Ce 及 N 共掺杂改性 TiO_2 光催化性能及 Ce 组分的作用 [J]. 无机化学学报，2010，29（2）：203-210.

[124] Cheng X W，Yu X J，Xing Z P，et al. Photoelectric properties of cystine-modified nano-TiO_2 with visible-light response [J]. Journal of Alloys and Compounds，2012，523：22-24.

[125] Liu J W, Han H, Wang H T, et al. Degradation of PCP-Na with La-B co-doped TiO_2 series synthesized by the sol-gel hydrothermal method under visible and solar light irradiation [J]. Journal of Molecular Catalysis A: Chemical, 2011, 344: 145-152.

[126] Fan X, Wan J, Liu E, et al. High-efficiency photoelectrocatalytic hydrogen generation enabled by Ag deposited and Ce doped TiO_2 nanotube arrays [J]. Ceramics International, 2015, 41 (3): 5107-5116.

[127] 徐佳悦. TiO_2 基纳米材料改性及光催化降解甲醛性能研究 [D]. 重庆: 西南大学, 2023.

[128] 赵斯琴, 郭敏, 张梅, 等. 非金属元素 S, N 与 Eu^{3+} 共掺杂纳米 TiO_2 光催化剂的水热法制备及其性能研究 [J]. 中国科学: 化学, 2011, 41 (11): 1699-1705.

[129] 石健, 李军, 蔡云法. 具有可见光响应的 C、N 共掺杂 TiO_2 纳米管光催化剂的制备 [J]. 物理化学学报, 2008, 24 (7): 1283-1286.

[130] 荣雪荃, 严继康, 易健宏, 等. 铈掺杂二氧化钛的化学态分析 [J]. 人工晶体学报, 2015, 44 (5): 1383-1388.

[131] 于爱敏, 武光军, 严晶晶, 等. 水热法合成可见光响应的 B 掺杂 TiO_2 及其光催化活性 [J]. 催化学报, 2009, 30 (2): 137-141.

[132] 张文杰, 杨波. B 掺杂 TiO_2 光催化剂的制备和光催化剂性能 [J]. 材料研究学报, 2012, 26 (2): 149-154.

[133] 张蓉蓉. Mo^{6+}、Gd^{3+} 离子掺杂 TiO_2 纳米管阵列的制备与表征 [D]. 昆明: 昆明理工大学, 2023.

[134] 黄宇. 改性 La-TiO_2 光催化剂的制备及其对 CO_2 光催化性能的研究 [D]. 沈阳: 东北大学, 2023.

[135] 张警方, 张捍民, 路梦洋. Ce-Zn 共掺杂改性 TiO_2 纳米管阵列的制备及其光催化性能 [J]. 水处理技术, 2021, 47 (4): 30-34.

[136] Zhao D D, Yu Y L, Cao C, et al. The existing states of doped B^{3+} ions on the B doped TiO_2 [J]. Applied Surface Science, 2015, 345: 67-71.

[137] 陈秀琴, 张兴旺, 雷乐成. F 掺杂 TiO_2 纳米管阵列的可见光催化活性和电子结构 [J]. 无机材料学报, 2011, 26 (4): 369-374.

[138] Wang F W, Xu M, Wei L, et al. Fabrication of La-doped TiO_2 film electrode and investigation of its electrocatalytic activity for furfural reduction [J]. Electrochimica Acta, 2015, 153: 170-174.

[139] 王瑞芬, 宋金玲, 安胜利. 电化学法研究 La-F 两步共掺杂纳米 TiO_2 的催化机理 [J]. 稀有金属材料与工程, 2019, 48 (8): 2562-2567.

[140] 丁志强. 氟改性 TiO_2 光催化剂的制备及其光催化性能研究 [D]. 呼和浩特: 内蒙古工业大学, 2021.

[141] Liu Z W, He F Q, Zhou L M, et al. Performance, kinetics and mechanism of Fe (II) EDTA regeneration with surface-fluorinated anatase TiO_2 with exposed (001) facets [J]. Journal of Environmental

Chemical Engineering，2023，11（3）：110118.

[142] Priyanka K P，Revathy V R，Rosmin P，et al. Influence of La doping on structural and optical properties of TiO$_2$ nanocrystals [J]. Materials Characterization，2016，113：144-151.

[143] Viana M M，Soares V F，Mohallem N D S. Synthesis and characterization of TiO$_2$ nanoparticles [J]. Ceramics International，2010，36（7）：2047-2053.

[144] 刘方园，徐鲁艺，修阳，等. 非金属元素掺杂纳米二氧化钛 [J]. 化学通报，2021，84（2）：108-119＋148.

[145] Gong B S，Wu P，Yang J，et al. Electrochemical and Photocatalytic Properties of Ru-doped TiO$_2$ Nanostructures for Degradation of Methyl Orange Dye [J]. International Journal of Electrochemical Science，2021，16：21023.

[146] Wang B Y，Song J L，Wang R F，et al. Synthesis of BiOCl$_{0.5}$I$_{0.5}$/TiO$_2$ heterojunctions with enhanced visible-light photocatalytic properties. Journal of nanoparticle research [J]. 2018，20（7）：175-188.

[147] Park J S，Choi W. Enhanced remote photocatalytic oxidation on surface fluorinated TiO$_2$ [J]. Langmuir，2004，20（26）：11523-11527.

[148] Bally A，Korobeinikova E，Schmid P，et al. Structural and electrical properties of Fe-doped thin films [J]. Journal of Physics D：Applied Physics，1998，31（10）：1149-1154.

[149] Li L，Song J L，Wang R F，et al. New BiOXs/TiO$_2$ heterojunction photocatalyst towards efficient degradation of organic pollutants under visible-light irradiation [J]. MICRO ＆ NANO LETTERS，2019，14（8）：911-914.

[150] 王瑞芬，施凯旋，郭雄，等. 二维 BiOBr/g-C$_3$N$_4$ 光催化材料的构建及性能研究 [J]. 稀有金属材料与工程，2023，52（6）：2236-2242.

[151] Amiri A E，Moubah R，Lmai F，et al. Probing magnetism and electronic structure of Fe-doped ZnO thin films [J]. Journal of Magnetism and Magnetic Materials，2016，398：86-89.

[152] 林俊健. Fe^{3+} 掺杂纳米 ZnO/TiO$_2$ 对啶虫脒和阿特拉津的光催化降解研究 [D]. 昆明：昆明理工大学，2023.

[153] 董静. 掺镨二氧化钛粉末的制备、表征及光电化学研究 [D]. 广州：华南理工大学，2013.

[154] 王月，邵渤淮，陈双龙，等. 高压下缺陷对锐钛矿相 TiO$_2$ 多晶电输运性能的影响：交流阻抗测量 [J]. 物理学报，2023，72（12）：229-238.

[155] De Pasquale L，Tavella F，Longo V，et al. The Role of Substrate Surface Geometry in the Photo-Electrochemical Behaviour of Supported TiO$_2$ Nanotube Arrays：A Study Using Electrochemical Impedance Spectroscopy（EIS）[J]. Molecules，2023，28（8）：3378.

[156] Vaiano V，Sacco O，Sannino D，et al. Nanostructured N-doped TiO$_2$ coated on glass spheres for the photocatalytic removal of organic dyes under UV or visible light irradiation [J]. Applied Catalysis B：Environmental，2015，170-171：153-161.

[157] 张清林，曹尚操，夏明霞，等. 利用拉曼和表面光电压谱对一维 TiO$_2$@CdS 核壳结构界面电荷

行为研究 [J]. 化学学报，2013，71（4）：634-638.

[158] Zhou Z W, Yang R, Teng Y X, et al. F-doped TiO_2(B)/reduced graphene for enhanced capacitive lithium-ion storage [J]. Journal of Colloid and Interface Science，2023，637：533-540.

[159] Zhao Q, Yuan Y, Zhang L Y, et al. Boosting photocatalytic activity of C-F-TiO_2 nanosheets derived from in-situ pyrolysis of MXene [J]. Applied Surface Science，2022，611（A）：155630.

[160] Yang H G, Sun C H, Qiao S Z, et al. Anatase TiO_2 single crystals with a large percentage of reactive facets [J]. Nature，2008，453：638-642.

[161] 班垚. 晶面调控 TiO_2 高效光催化剂的制备及其催化性能研究 [D]. 太原：中北大学，2022.

[162] 高镰，郑珊，张青红. 纳米氧化钛光催化材料及应用 [M]. 北京：化学工业出版社，2003.

[163] 桑丽霞，于泽鑫，覃才. Cu/SiO_2/TiO_2 纳米碗阵列电极的构建及其等离激元光解水性能 [J]. 北京工业大学学报，2023，49（10）：1109-1115.

[164] 郭源，李永军，夏熙，等. 外在因素对 TiO_2 膜电极/溶液界面 CPE 行为的影响 [J]. 物理化学学报，2001，17（4）：372-376.

[165] Metikoš H M, Babić R, Marinović A. Spectrochemical characterization of benzotriazole on copper [J]. Journal of the Electrochemical Society，1998，145（12）：4045-4051.

[166] Randeniya L, Bendavid A, Martin P, et al. Photoelectro chemical and structural properties of TiO_2 and N-doped TiO_2 thin films synthesized using pulsed direct current plasma-activated chemical vapor deposition [J]. The Journal of Physical Chemistry C，2007，111（49）：18334-18340.

[167] Xiao Z H, Cheng S Y, Liao W B, et al. Preparation of GQDs/TiO_2 nanotube heterojunction photoanode and its photoelectrochemical performance for water splitting [J]. International Journal of Electrochemical Science，2023，17（8）：220817.

[168] 姜月顺，李铁津. 光化学 [M]. 北京：化学工业出版社，2005.

[169] Behnam A, Radhakrishna N A, Nischal A, et al. Electronic properties of metal-semiconductor and metal-oxide-semiconductor structures composed of carbon nanotube film on silicon [J]. Applied Physics Letters，2010，97（23）：233105.

[170] Wang P F, Yang H, Li J Y, et al. Synergistically Enhanced Performance and Reliability of Abrupt Metal-Oxide Heterojunction Transistor [J]. Advanced Electronic Materials，2023，9（1）：2207807.

[171] 褚道葆，张金花，冯德香，等. 纳米 TiO_2 膜电极的电化学阻抗谱 [J]. 应用化学，2006，23（3）：251-255.

[172] Sai L M, Kong X Y. Type Ⅱ hybrid structures of TiO_2 nanorods conjugated with CdS quantum dots：assembly and optical properties [J]. Applied Physics A Material Science and Processing，2014，114：605-609.

[173] 张晓婉. P25 复合材料的制备及其光催化降解 DMSO 性能的研究 [D]. 太原：中北大学，2020.

[174] An G Y, Yue Y, Wang P, et al. Deprotonation and aggregation of Al_{13} under alkaline titration：

A simulating study related to coagulation process [J]. Water Research, 2021, 203: 117562.

[175] Park M, Kang Y J, Jang J H, et al. Formation mechanism of an Al_{13} Keggin cluster in hydrated layered polysilicates [J]. Dalton Transactions, 2020, 49 (15): 4920-4926.

[176] Moraes M L B, Murciego A, Alvarez-ayuso E, et al. The role of Al_{13}-polymers in the recovery of rare earth elements from acid mine drainage through pH neutralization [J]. Applied Geochemistry, 2020, 113: 104466.

[177] Zhang J, Yong X J, Zhao D Y, et al. Relationship between developer dosage and accurate determination of medium polymer species (Al_b) in Al-based flocculants [J]. Desalination and Water Treatment, 2019, 153: 226-233.

[178] 顾庆芳. $TiO_2/Al_2O_3/Fe_3O_4$ 光催化磁流体的制备及其光催化与磁回收性能研究 [D]. 兰州: 兰州交通大学, 2017.

[179] 孙忠. 高 Al_{13} 聚合氯化铝结晶及其制备方法: 中国, CN200510064782.6 [P]. 2005-9-28.